低GI

降體脂、低熱量、刮油消肚、高纖飽足不挨餓！

減脂蔬菜湯

楊馥美◎食譜設計　　余詔儒◎營養資訊

朱雀文化

前言 | 低熱量、高纖維的 減脂蔬菜湯

　　對想瘦身減脂的新手來說，複雜的知識、實踐方法可能令人卻步，導致選擇錯誤的飲食方法，不僅傷害了身體、產生體重的「溜溜球效應」，更無法達到目的。其實新手第一步，只要確實了解**「減重靠飲食（七分），維持靠運動（三分）」**、**「飲食搭配有氧運動，才能減脂不掉肌肉」**這兩個基本觀念，就算成功一半了。

　　第二步是選擇減脂的飲食方法。目前常見的有生酮飲食、低醣飲食、低胰島素飲食、間歇性斷食法、蛋白質減重法等。不管選擇哪一種飲食方法，新手們一定要遵循以下八個原則：

❶ 選擇低 GI 值、鹼性食物 ❷ 三餐均衡攝取各類營養素 ❸ 不可一直吃同樣的食物 ❹ 適量補充微量元素 ❺ 多喝水，順暢排便 ❻ 睡前 4 小時不要進食 ❼ 切勿什麼都不吃 ❽ 養成運動習慣。

　　本書是以「蔬菜湯」為主題，內容分成兩個單元：PART1 低熱量！瘦身蔬菜湯、PART2 加點肉！飽足蔬菜湯。每道湯料理都請專業營養師計算，清楚標明熱量、蔬菜量，加上各種食材的營養說明，讓新手們更容易挑選食用。以每人每天食用約 300 克蔬菜量計算，可食用 1 ～ 2 碗，新手們可在同餐或其他餐，選配適量其他類飲食，便能兼顧減脂瘦身和身體營養。

　　最後要再次叮嚀瘦身減脂新手們，在減脂、不掉肌肉的原則下，食用蔬菜湯同時，一定要記得做有氧運動，雙管齊下，才能減脂瘦身，維持體態不復胖。

烹調注意事項

一心想減脂瘦身的新手們別再猶豫了，今天開始烹調蔬菜湯吧！
不過，在烹調本書的蔬菜湯之前，建議先閱讀以下說明事項再操作！

❶ 標明熱量、蔬菜量

經過營養師計算，每道料理中會標上熱量、蔬菜量和食材顏色，幫助新手們從多方面選擇想吃的料理，無選擇障礙。

❷ 選低 GI 值、低熱量和高纖維食材

優先選擇「低 GI 值、低熱量和高纖維」的食材，不僅能吃得飽，更能加速達到瘦身減脂的效果，同時延緩血糖上升速度。

❸ 可自由置換食材

於書末附錄加上「常見瘦身食材營養成分表」、「常見食物酸鹼度表」和「常見食物的 GI 值表」資訊，可參考置換配方食材。

❹ 綠色蔬菜最後放

為了避免綠色蔬菜久煮變爛、營養流失，建議在所有食材快煮好時，再放入綠色蔬菜烹煮。

❺ 一次製作可兩餐食用

書中食材配方都是 2 人份，一次做好可以吃兩餐，既方便又省時。

❻ 加上蛋白質食材營養更豐富

蔬菜湯中會加上含蛋白質的食材，以免減脂的同時掉了肌肉，但因每人所需蛋白質量不同，建議可多食用一顆水煮蛋或荷包蛋。

❼ 自製蔬菜高湯

配方中可選用水或高湯製作，以下是蔬菜高湯的做法，一般或素食皆可食用。

材料　2 人份

白蘿蔔 80 克／胡蘿蔔 100 克／牛蒡 60 克／新鮮香菇 3 朵／水 1500 克／白蘿蔔葉 1/4 包

做法

1 白蘿蔔、胡蘿蔔、牛蒡削除外皮後切滾刀塊；白蘿蔔葉洗淨；香菇切片。

2 將所有材料放入鍋中，倒入水，熬煮約 1 小時即成。

3

目錄
Contents

BEFORE
製作
蔬菜湯之前

PART 1
低熱量！
瘦身蔬菜湯

PART 2
加點肉！
飽足蔬菜湯

INDEX
附錄

這裡將所有蔬菜湯以熱量區分，方便讀者們依個人目前的需求查找！

100 大卡以下

101～200 大卡

101～200 大卡

201～300 大卡

BEFORE
製作
蔬菜湯之前

烹調本書的蔬菜湯之
前，尤其是減脂小白們，
可以先了解營養與烹調的基
本知識，例如：烹調蔬菜湯的
原則、吃蔬菜湯有哪些優點、常
見食物分類、蔬菜富含的營養素
等。此外，書中特別選出 24 種
低熱量蔬菜湯食材，當你不知
道選擇哪種食材時，可以
從中選用製作！

烹調蔬菜湯的 5 個原則

雖然每個人都有自己喜愛的蔬菜，但為了能在飲食上，不論是減重期間或平日，都能攝取到均衡的營養，建議讀者不要挑食，多方面食用各類蔬菜。以下是製作本書蔬菜湯料理的 5 個原則，供讀者參考。

1 每天選用 3 ～ 5 種蔬菜

可以用不同種類相互組合，像是葉菜類、根莖類、花菜類、果實類、食用性菇類、芽菜類等，可參照 p.12 的「常見食物分類」。此外，也可以用顏色搭配，像綠色的青江菜、綠花椰菜；白色的洋蔥、白蘿蔔；黑色的海帶、黑木耳；紅色的大蕃茄、紅甜椒；藍紫色的茄子、紫菜等；橘色的南瓜、胡蘿蔔等。

2 每天食用蔬菜量約 3 份（每份 100 克）

可依個人喜好，於一天中食用 200 ～ 400 克蔬菜，可以搭配一餐蔬菜湯，一餐食用蔬菜料理，不僅食用的蔬菜量達標，而且變換菜色不會吃膩。

3 搭配蛋白質較高的食材

蔬菜湯食材中，可以選擇一種富含蛋白質的食材，像是鯛魚、豆腐、雞胸肉等，如果想吃得更豐富，可以選用兩種蛋白質食材，但是個別的分量要減少，以免食用的蛋白質過量。

4 不要烹調超過 20 分鐘

過度烹調容易導致蔬菜中的營養被破壞，建議不要烹調太久。軟硬則可以依照個人喜愛的口感略微調整。

5 腸胃敏感的人可以添加生薑

有些腸胃較敏感、消化較差的人，最好不要一次食用大量蔬菜，以免拉肚子、脹氣。此外，湯中可加入能保腸健胃的生薑一起烹調。

蔬菜湯瘦身的 6 個優點

即使知道蔬菜含有許多營養，但要真正都吃到，是件不容易的事，而「食用蔬菜湯」就是最簡單的方法。只要食材搭配得宜，蔬菜湯不僅能讓你攝取到多種營養素，尤其能幫助想減重的人達到目標，減重時期喝蔬菜湯有哪些優點？

1 經常變換蔬菜，營養攝取更全面

蔬菜食材種類非常多，每一種食材都有獨特的營養，讀者可以利用顏色、種類、所含營養素，設計不同的蔬菜湯料理，但要注意不可偏食，避免只吃喜愛的食物。

2 身體更有效率吸收營養素

減重時期許多人會食用生菜沙拉，這只能攝取到一些抗氧化的維生素，因為有些營養素若不經過烹煮破壞其細胞膜，很難獲得營養素、礦物質等。此外，像維生素 C 這種水溶性維生素，經過烹煮後會溶於湯中，飲用蔬菜湯便能攝取到。

3 同時攝取水溶性、非水溶性膳食纖維

一碗蔬菜湯含有滿滿的膳食纖維。湯中的蔬菜料含有非水溶性膳食纖維，可以促進腸道蠕動，預防便祕；溶於湯中的水溶性膳食纖維，則可改善腸道環境。蔬菜湯同時含有這些膳食纖維，更有助排便。

4 低熱量吃得飽

蔬菜湯是以多種蔬菜烹調而成，熱量低且有飽足感。如果以一天食用 300 克蔬菜計算，可以有 1～2 餐食用，能降低主食的食用量。

5 用蔬菜本身的鮮甜調味

像洋蔥、高麗菜這些蔬菜本身就含有鮮甜味，所以烹調蔬菜湯時，僅用少量調味料即可，能減少鈉等的攝取。另外，也可以直接使用清水，而不用加入高湯烹調，風味一樣好。

6 一鍋煮更省時、省力、省空間

只要將所有食材洗淨、切好，再煮好一鍋滾水，便能將食材放入煮滾。對於忙碌的上班族、學生或租屋在外無法使用明火的人，煮蔬菜湯絕對省時、省力、省空間。

11

常見食物分類

以下將烹調書中蔬菜湯用到的食物，簡單區分成蛋白質類、
五穀雜糧類和蔬菜類，其中每道食譜中會計算出蔬菜量，
讀者們可以參考 p.8 每天食用蔬菜量搭配食用。

蛋白質類

- **豆類**：黃豆、黑豆、毛豆、紅腰豆、白腰豆、豆皮、豆腐、豆乾、油豆腐等
- **蛋類**：雞蛋、鹹鴨蛋等
- **水產類**：各種魚類、魚肉鬆、魚丸、花枝丸、蝦仁、干貝等
- **肉類**：豬肉、牛肉、雞肉、培根、熱狗等

五穀雜糧類

- **米類**：米、黑米、小米、糯米、糙米、什穀米、胚芽米等
- **麥類**：大麥、小麥、蕎麥、燕麥、麵粉、麵條等
- **根莖類**：馬鈴薯、地瓜、山藥、芋頭、蓮藕等
- **雜糧類**：玉米、玉米粒、栗子、南瓜等

▶ **蛋白質含量較高的雜糧類：**
豌豆仁、皇帝豆、薏仁、蓮子等

▶ **蛋白質含量較高的乾豆類：**
紅豆、綠豆、花豆、蠶豆、鷹嘴豆等

▶ **蛋白質含量較低的雜糧製品：**
米粉、冬粉、蒟蒻、米苔目等

蔬菜類
（依食用部分區分）

- **根莖類**：綠蘆筍、白蘿蔔、胡蘿蔔、洋蔥、竹筍、生薑、牛蒡、玉米筍、半天筍等
- **葉菜類**：高麗菜、白菜、芥蘭、空心菜、韭菜、菠菜、香菜、地瓜葉、青江菜、西洋芹等
- **花菜類**：綠花椰菜、白花椰菜、金針等
- **果菜類**：南瓜、櫛瓜、苦瓜、絲瓜、冬瓜、秋葵、大蕃茄、茄子、甜椒、四季豆、豌豆等
- **食用性菇類**：木耳、蘑菇、香菇、草菇、鴻喜菇、雪白菇、秀珍菇等
- **芽菜類**：豆芽菜、碗豆苗、苜蓿芽等

▶ **蛋白質含量較高的蔬菜類：**
黃豆芽、綠豆芽、苜蓿芽、地瓜葉、青江菜、蘑菇、香菇、草菇、鴻喜菇、雪白菇、秀珍菇等

蔬菜富含的營養素

不同顏色食材會含有不同的營養素,以下簡單以常見的營養素區分,
並加上蔬菜所屬的顏色分類。讀者們可在烹調蔬菜湯前閱讀,
適當地搭配,確保獲得更全面的營養素。

營養素	功能	富含的蔬菜
維生素 A	· 減少脂肪囤積 · 預防眼睛病變 · 有助於感冒較易痊癒	青江菜、胡蘿蔔、空心菜、綠苦瓜、地瓜葉、菠菜、綠花椰菜、綠蘆筍、甜椒、黃豆芽
維生素 B1	· 缺乏時記憶力會減退 · 維持正常食慾 · 提升減重效果和代謝	毛豆、香菇、芋頭、皇帝豆、山藥、新鮮金針、豌豆苗、蘆筍、綠花椰菜
維生素 B2	· 幫助脂肪代謝 · 減輕眼睛疲憊 · 促進皮膚、指甲、頭髮生長	玉米筍、地瓜葉、菠菜、蘑菇、莧菜
維生素 C	· 增強免疫力 · 皮膚美白、抗老化 · 提供身體穩定的消化代謝,提升減重效果	小白菜、白花椰菜、甜椒、高麗菜、芥蘭、青江菜、青椒、芥菜
鈣	· 加速體脂肪分解 · 保持肌肉的張力 · 減重期間不會流失瘦肉組織	莧菜、海帶、秋葵、九層塔、新鮮金針
鐵	· 缺乏時容易貧血 · 缺乏時無法有效排除體內廢物,造成水腫 · 缺乏時脂肪細胞無法分解和代謝,易囤積脂肪	地瓜葉、茼蒿、紅鳳菜、木耳、毛豆、山芹菜、水蓮、空心菜、菠菜
鉀	· 維持血壓、神經功能 · 維持新陳代謝、肌肉收縮 · 促進體內水分代謝,消水腫	竹筍、甜椒、秋葵、絲瓜、黃豆芽
蛋白質	· 提供每天生活所需能量 · 保持肌肉,促進脂肪燃燒 · 增加飽足感,維持體重	杏鮑菇、毛豆、菠菜、綠花椰菜、馬鈴薯、甘藍菜

13

⚜Top24
最佳低熱量蔬菜湯食材

以下挑選出 24 種低熱量、低 GI 值且富含營養素的食材，適合減重時期運用。
讀者們可善加搭配，讓自己每天都能吃到不同的蔬菜湯料理。

🍴 高麗菜

種類 ▶▶ 葉菜類

營養 ▶▶ 除了含有大量的維生素 C 之外，也富含可以改善胃潰瘍、對胃保健效果佳的維生素 U。高麗菜可清炒、水煮，但因這兩種維生素都屬於水溶性，烹調時不可煮太久，易造成養分流失。

挑選 ▶▶ 外觀完整無破、葉片顏色翠綠、手拿重量較輕的

運用 ▶▶ 參照 p.170 的索引【巜】

🍴 青江菜

種類 ▶▶ 葉菜類

營養 ▶▶ 含有豐富的維生素 C、K、β- 胡蘿蔔素，以及鈣、鐵、鉀等礦物質，此外低熱量，是很適合減重時期、平日食用的綠色食材。因為含有鉀，能有效排除身體的水分，避免水腫。

挑選 ▶▶ 葉片完整、全株挺立、色澤翠綠明亮的

運用 ▶▶ 參照 p.171 的索引【く】

🍴 西洋芹

種類 ▶▶ 葉菜類

營養 ▶▶ 含有維生素 A、B、C，以及鈣、鉀、鐵、鎂和磷等養分。此外，大量的膳食纖維，可以幫助排除體內的廢物，預防便祕，促進多餘的水分排出，但要注意不可食用過量，以免消化不良。

挑選 ▶▶ 葉株挺直、菜梗較粗而肥厚、葉片顏色翠綠不枯黃的

運用 ▶▶ 參照 p.171 的索引【ㄒ】

綠花椰菜

種類 ▶▶ 花菜類

營養 ▶▶ 又叫青花菜,是熱量低且高營養的十字花科蔬菜。含有維生素A、B、C,以及鉀、鈣、鎂、鋅、鐵等礦物質和膳食纖維。當中的維生素A、C含量豐富,可以減少脂肪囤積,減少體脂肪,加速減重的速度。

挑選 ▶▶ 花苞色澤濃綠、葉子不枯黃的

運用 ▶▶ 參照 p.170 的索引【ㄌ】

白花椰菜

種類 ▶▶ 花菜類

營養 ▶▶ 含大量可以提升免疫力的維生素 C、硒,充足的膳食纖維能增加飽足感,有助於排便。與綠花椰菜一樣都屬熱量低且高營養的十字花科蔬菜,在減重期間食用,還可以幫助降低血糖。另外,因含有甲狀腺腫素,所以甲狀腺低下且缺碘,或是甲狀腺腫大的人要少食用;胃消化不良的人也不可食用過多。

挑選 ▶▶ 花梗呈淡綠色且細瘦、花苞顏色分布均勻的

運用 ▶▶ 參照 p.169 的索引【ㄅ】

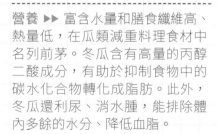 冬瓜

種類 ▶▶ 果菜類

營養 ▶▶ 富含水量和膳食纖維高、熱量低,在瓜類減重料理食材中名列前茅。冬瓜含有高量的丙醇二酸成分,有助於抑制食物中的碳水化合物轉化成脂肪。此外,冬瓜還利尿、消水腫,能排除體內多餘的水分、降低血脂。

挑選 ▶▶ 如果買整條的則外型飽滿且平整、表皮不可以出現蟲傷、水傷;買切片的話,切面要白皙

運用 ▶▶ 參照 p.169 的索引【ㄉ】

苦瓜

種類 ▶▶ 果菜類

營養 ▶▶ 苦瓜的熱量極低，是低胰島素食物，市面上有白色和綠色兩種。綠苦瓜的熱量雖然比白苦瓜高，但營養成分優於白苦瓜，像維生素 A、維生素 C 的含量都高於數倍，兩種均富含營養。

挑選 ▶▶ 表面果瘤（如疙瘩的顆粒）形狀較大且飽滿、表皮顏色光亮的

運用 ▶▶ 參照 p.170 的索引【ㄎ】

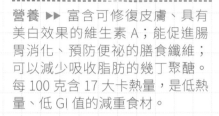

絲瓜

種類 ▶▶ 果菜類

營養 ▶▶ 富含可修復皮膚、具有美白效果的維生素 A；能促進腸胃消化、預防便祕的膳食纖維；可以減少吸收脂肪的幾丁聚醣。每 100 克含 17 大卡熱量，是低熱量、低 GI 值的減重食材。

挑選 ▶▶ 皮色青綠且無黑點損傷、外皮粗糙、有點顆粒的

運用 ▶▶ 參照 p.171 的索引【ㄙ】

櫛瓜

種類 ▶▶ 果菜類

營養 ▶▶ 屬於果菜類中的瓜果類，熱量低。黃櫛瓜熱量略高於綠櫛瓜，但所含的鈣、葉酸較多，很適合懷孕中的女性食用；綠櫛瓜中的維生素 C 豐富，可幫助脂肪酸分解，不易囤積脂肪，也含豐富的 β- 胡蘿蔔素。

挑選 ▶▶ 瓜身粗細一致、有光澤且不軟棉、蒂頭乾燥不發黑、外皮無損傷的

運用 ▶▶ 參照 p.170 的索引【ㄐ】

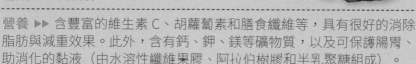

秋葵

種類 ▶▶ 果菜類

營養 ▶▶ 含豐富的維生素 C、胡蘿蔔素和膳食纖維等，具有很好的消除脂肪與減重效果。此外，含有鈣、鉀、鎂等礦物質，以及可保護腸胃、助消化的黏液（由水溶性纖維果膠、阿拉伯樹膠和半乳聚糖組成）。

挑選 ▶▶ 表皮無破損黑斑、表面有細小纖毛、長度約 10 公分以下的

運用 ▶▶ 參照 p.171 的索引【ㄑ】

甜椒

種類 ▶▶ 果菜類

營養 ▶▶ 富含減少脂肪囤積的維生素 A，此外，其維生素 C 更居蔬菜之冠，有助於分解體脂肪。另富含膳食纖維、水分和鉀等，是高纖低熱量的食物。黃、紅、橘各色甜椒都屬於低熱量、低 GI 質，可以延緩餐後血糖上升的速度，是能飽食，又能吸收豐盛營養的健康食材。

挑選 ▶▶ 外皮飽滿無受損、色彩明亮鮮豔、蒂頭完整無發黑的

運用 ▶▶ 參照 p.169 的索引【ㄊ】

牛蕃茄

種類 ▶▶ 果菜類

營養 ▶▶ 有「蔬菜中的水果」之稱，除了烹調，也能當成食用水果，有「國民水果」的美譽。大蕃茄富含類胡蘿蔔、維生素 A，可以減少脂肪囤積、體重上升。另含有具抗氧化功效的茄紅素，以及能增加飽足感的膳食纖維。它也屬於鹼性食物，本身有慢性疾病或肥胖者，可以多食用。

挑選 ▶▶ 果皮明亮、新鮮有彈性。若沒有馬上烹調，可挑顏色未轉紅的

運用 ▶▶ 參照 p.169 的索引【ㄋ】

玉米筍

種類 ▶▶ 根莖類

營養 ▶▶ 玉米筍是低熱量蔬菜，常見於減重料理之中。它是玉米的果穗，熱量較生長後的玉米來得低，屬於蔬菜類，而非澱粉類（玉米是澱粉類）。玉米筍含有多樣營養，其中的維生素 A 能預防囤積脂肪，膳食纖維則有助於排便順暢防止便祕。

挑選 ▶▶ 整支淡黃色的，如果購買帶殼葉的，葉和鬚不可枯黃、發黑

運用 ▶▶ 參照 p.171 的索引【ㄩ】

 ## 洋蔥

種類 ▶▶ 根莖類

營養 ▶▶ 洋蔥含有特殊的辛辣味，常用來為料理增加天然甜味，是極佳的調味蔬菜。它屬於鹼性食物，富含維生素 B 群、維生素 C 和鉀、磷、鈣等營養素之外，也含有豐富的膳食纖維、水，在減重期間食用，能提供飽足感與水分。

挑選 ▶▶ 外皮有光澤、具重量、蒂頭粗的

運用 ▶▶ 參照 p.171 的索引【一】

 ## 白蘿蔔

種類 ▶▶ 根莖類

營養 ▶▶ 富含維生素 C 和澱粉酶，能避免脂肪囤積、分解澱粉，有助於消化。白蘿蔔是低 GI 值、低熱量、低胰島素食物，可延緩用餐後血糖上升的速度，並幫助迅速燃脂。

挑選 ▶▶ 具重量、外皮光滑無裂痕、觸感較硬實的

運用 ▶▶ 參照 p.169 的索引【ㄅ】

🍳 綜合菇

種類 ▶▶ 食用性菇類

營養 ▶▶ 菇類多具有低熱量、高纖維和高營養價值的特色，減重時期可以食用菇類搭配各類蔬菜、肉類。建議可食用香菇、杏鮑菇、金針菇、鴻喜菇、雪白菇、秀珍菇和蘑菇等。

挑選 ▶▶ 形狀完整、個頭結實、表面光滑不爛的

運用 ▶▶ 參照 p.169 的索引【ㄇ】、p.170 的索引【ㄏ】、p.170 的索引【ㄐ】、p.171 的索引【ㄒ】

🍳 竹筍

種類 ▶▶ 根莖類

營養 ▶▶ 不管是麻竹筍、桂竹筍、綠竹筍，都屬於低熱量，且富含膳食纖維和水分的食材。膳食纖維除了可以預防便祕，還具有吸附油脂的優點，可以降低腸道的油脂吸收量，並幫助消耗多餘的脂肪。

挑選 ▶▶ 具重量、殼葉完整包覆、觸感較硬實的

運用 ▶▶ 參照 p.171 的索引【ㄓ】

🍳 雞蛋

種類 ▶▶ 蛋類

營養 ▶▶ 雞蛋是極優質的蛋白質來源，它除了富含必需胺基酸，更含有礦物質和維生素，加上熱量低、容易購買，是減重或增肌時期補充蛋白質的最佳食材。

挑選 ▶▶ 雞蛋殼厚實且無裂痕、表面較粗糙、氣孔明顯的

運用 ▶▶ 參照 p.170 的索引【ㄐ】

🍳 豆類罐頭

種類 ▶▶ 蛋白質類、雜糧豆類

營養 ▶▶ 腰豆屬於蛋白質豆，富含優質蛋白質、維生素，以及膳食纖維、鎂、鐵和鉀等礦物質，是攝取植物性蛋白質的好食物。鷹嘴豆則屬於低 GI 值的雜糧豆類，富含蛋白質、膳食纖維，但碳水化合。

挑選 ▶▶ 罐頭外觀無破損、保存期限內的

運用 ▶▶ 參照 p.169 的索引【ㄅ】、參照 p.171 的索引【一】

🍳 嫩豆腐&板豆腐

種類 ▶▶ 蛋白質類

營養 ▶▶ 豆腐中以嫩豆腐、板豆腐的熱量與油脂較低、營養價值高。豆腐含植物性蛋白質、大豆異黃酮，可增加骨質密度，以及降低體脂肪和 BMI（身體質量指數）。食用豆腐不僅可增加飽足感，因為具有低熱量低油的優點，很適合減重期食用，尤其是更年期女性減重，更是超級好食物。

挑選 ▶▶ 盒裝的話，以產品保存期限為主

運用 ▶▶ 參照 p.169 的索引【ㄆ】、參照 p.169 的索引【ㄋ】

🍳 雞胸肉

種類 ▶▶ 肉類

營養 ▶▶ 脂肪含量較低，除了能攝取到精瘦蛋白質之外，還含有維生素 A、B_1、B_2、B_6 和 C，以及鈣、鐵和銅等礦物質營養素。減重時期或運動後可以食用去皮雞胸肉，但注意食用時，必須搭配蔬菜，以防便祕。

挑選 ▶▶ 新鮮的生肉，若選購超商熟肉，以產品保存期限為主

運用 ▶▶ 參照 p.170 的索引【ㄐ】

海帶&昆布

種類 ▶▶ 海藻類

營養 ▶▶ 新鮮狀態是海帶,乾燥後則是昆布。低熱量、高水溶性纖維,並且含有能促進脂肪分解的鈣、促進熱量代謝的碘。另外含有數種多醣體,可增強免疫力。

挑選 ▶▶ 海帶可挑表面無破損、質地寬厚、具有彈性和微黏液的;昆布則選肉直硬實、無腥味的

運用 ▶▶ 參照 p.170 的索引【ㄅ】、參照 p.170 的索引【ㄏ】

蒟蒻

種類 ▶▶ 雜糧製品

營養 ▶▶ 低熱量,富含水分、膳食纖維,可以促進消化,加速降低體脂肪和體重。但必須要注意市售蒟蒻加工食品會添加糖、麵粉、鹽等,吃過多會容易胖,所以不可過食。

挑選 ▶▶ 以產品保存期限為主

運用 ▶▶ 參照 p.170 的索引【ㄐ】

鯛魚

種類 ▶▶ 水產類

營養 ▶▶ 低熱量、高蛋白質的白肉魚,也屬於低GI 值、優質蛋白質食物。鯛魚肉脂肪含量低,蛋白質含量超過清豆漿、豆腐,加上口感細緻,各種烹調方法都適合。

挑選 ▶▶ 肉質具有彈性、保有色澤、無臭味的

運用 ▶▶ 參照 p.169 的索引【ㄉ】

PART 1

低熱量！
瘦身蔬菜湯

這個單元以低熱量、低 GI 值和高纖維的蔬菜為主材料，每道湯料理使用 3 ～ 5 種蔬菜烹調，達到清腸消脂的目的。此外，還可以加入熱量低的冬粉、蒟蒻一起食用，更有飽足感。

元氣滿滿蔬菜湯

一般&素食食用 / 超低熱量 / 短期瘦身

1 人份熱量
110 大卡

1 人份蔬菜量
98 克

5 色食材

材料 2 人份

· 甜玉米 120 克／牛蕃
茄 120 克／黑木耳 60
克／嫩豆腐 200 克／
青蔥 15 克／水或高湯
400 ～ 500 克

· **調味料**
鹽少許／柴魚粉少許

做法

1 甜玉米剝掉外層葉子，
切成一截一截，洗淨；
牛蕃茄去掉蒂頭後洗
淨，切成塊。

2 黑木耳去蒂頭後洗淨，
切片；嫩豆腐切大塊；
青蔥切掉頭，洗淨後切
蔥花；高湯做法見 p.3。

3 將水或高湯倒入鍋中煮
滾，先放入甜玉米、牛
蕃茄煮約 5 分鐘，續入
黑木耳、嫩豆腐煮滾（
食材全熟），加入柴魚
粉、鹽調味，最後撒上
蔥花即成。

減重營養站

食用嫩豆腐不僅可增加飽足感，它具有低熱量
低油的優點，很適合減重期食用。此外，更年
期女性減重時吃的話，嫩豆腐富含的大豆異黃
酮，還能增加骨質密度、降低體脂肪。

24

雙色花椰菜玉米湯

一般&素食食用 / 超低熱量 / 短期瘦身

1 人份熱量
54 大卡

1 人份蔬菜量
200 克

3 色食材

材料 2 人份

・白花椰菜 200 克／綠花椰菜
200 克／玉米筍 200 克／蘑菇
100 克／水或高湯 500 克

・**調味料**
鹽少許／柴魚粉少許

做法

1 白花椰菜、綠花椰菜洗淨，
切掉根部較硬的地方，分成一
小朵一小朵。

2 玉米筍洗淨，切斜段；蘑菇
洗淨後切片；高湯做法見 p.3。

3 將水或高湯倒入鍋中煮滾，放
入白花椰菜、綠花椰菜、玉米
筍和蘑菇煮滾，加入柴魚粉、
鹽調味即成。

 減重營養站

綠花椰菜含豐富的維生素，以及全面性的礦物質、
非水溶性膳食纖維質，是減重食材中的萬能蔬菜，
但食用過多會脹氣。白花椰菜則含豐富的維生素 C、
纖維質，能吃飽且降低油脂吸收。

蒟蒻菇菇湯

1 人份熱量
50 大卡

1 人份蔬菜量
230 克

4 色食材

| 一般＆素食食用 | 懶人可做 | 超低熱量 |

材料　2 人份

· 牛蕃茄 120 克／青
江菜或其他綠色食材
100 克／鴻喜菇 100
克／雪白菇 100 克／
新鮮香菇 4 朵／蒟蒻
捲 100 克／水或高湯
500 克

· **調味料**
鹽少許／柴魚粉少許

做法

1 牛蕃茄去掉蒂頭後洗
淨，切成塊；青江菜洗
淨，將葉片一片片剝
開；鴻喜菇、雪白菇切
掉底部，分成一小朵一
小朵，洗淨；新鮮香菇
洗淨，切片狀；蒟蒻捲
洗淨，用滾水汆燙一
下，撈出沖冷水降溫，
瀝乾；高湯做法見 p.3。

2 將水或高湯倒入鍋中
煮滾，先放入牛蕃茄煮
滾，續入鴻喜菇、雪白
菇和新鮮香菇煮滾。

3 最後加入蒟蒻捲、青
江菜煮滾，加入鹽、柴
魚粉調味即成。

減重營養站

材料中可使用水烹調，
但如果想用高湯，做法
可參照 p.3。

26

蓮藕地瓜湯

一般＆素食食用 ／ 懶人可做 ／ 高纖＆飽足

1 人份熱量
186 大卡

1 人份蔬菜量
135 克

4 色食材

材料 2 人份

· 蓮藕 200 克／黃肉或紅肉地
瓜 150 克／胡蘿蔔 50 克／
黃洋蔥 120 克／高麗菜 100
克／水或高湯 500 克

· **調味料**
鹽少許／柴魚粉少許

做法

1 蓮藕、地瓜外皮刷洗乾淨，
橫切圓片；胡蘿蔔削除外皮
後洗淨，橫切圓片。

2 高麗菜切大片，洗淨；黃洋
蔥剝除外皮，切片後洗淨；
高湯做法見 p.3。

3 將水或高湯倒入鍋中煮滾，
先放入蓮藕、地瓜和胡蘿蔔
煮約 20 分鐘，續入高麗菜、
黃洋蔥煮滾，加入柴魚粉、
鹽調味即成。

減重營養話

為了達到長期減重的效果，建議不要總是吃同一種菜或大
量，建議每餐至少食用 3 種顏色的蔬菜。像這道蔬菜湯中選
用了 4 種顏色的蔬菜，營養吸收更均衡，讓你健康減重。

綠花椰豆子玉米湯

一般＆素食食用 ／ 懶人可做 ／ 高纖＆飽足

材料　2 人份

· 綠花椰菜 200 克／水煮豆子罐頭 80 克／白
玉米或甜玉米粒 100 克／水或高湯 500 克

· **調味料**
鹽少許／柴魚粉少許

1 人份熱量
97 大卡

做法

1 綠花椰菜洗淨，切掉根部較硬的地方，分成
一小朵一小朵。

2 豆子瀝乾；玉米粒洗淨，瀝乾；高湯做法見
p.3。

3 將水或高湯倒入鍋中，先以中大火煮滾，放
入綠花椰菜、豆子和玉米粒煮滾。

4 最後加入鹽、柴魚粉調味即成。

1 人份蔬菜量
100 克

3 色食材

 減重營養站

❶ 高蛋白質的豆類，可以補充減重期間的蛋白質
吸收，尤其對同時健身的人，更能促進肌肉的生
成。另外，豆類也是素食者平日、減重飲食的最
佳選擇。

❷ 想在減重過程中肌膚仍保有彈性和水分，含有
豐富輔酶 Q10 的綠花椰菜是很棒的選擇。

蕃茄西洋芹蘑菇湯

一般＆素食食用 ╱ 營養寶庫 ╱ 低熱量＆低 GI

1 人份熱量
96 大卡

1 人份蔬菜量
210 克

4 色食材

材料　2 人份

・西洋芹 100 克／玉米筍
100 克／牛蕃茄 120 克／
毛豆仁 100 克／蘑菇 100
克／水或高湯 500 克

・**調味料**
鹽少許

做法

1 西洋芹洗淨，摘掉葉子，梗切長條；玉米
筍洗淨，切斜段。

2 牛蕃茄去掉蒂頭後洗淨，切小塊；蘑菇洗
淨後切片；毛豆仁洗淨，瀝乾；高湯做法
見 p.3。

3 將水或高湯倒入鍋中煮滾，先放入西洋芹、
玉米筍煮滾，續入牛蕃茄、毛豆仁和蘑菇
煮滾，加入鹽調味即成。

 減重營養站

❶ 西洋芹、蕃茄、蘑菇、玉米筍等都是減重明星
食材，不僅熱量低，而且 GI 值（升醣指數）亦
低，還含有各類豐富的維生素、礦物質、膳食
纖維。

❷ 玉米筍含有大量的鉀，水腫肥胖者食用有利
於消水腫，不過比較不適合有尿失禁症狀者食
用，此外，本身罹患痛風者不可多食用。

竹輪蕃茄毛豆湯

一般＆素食食用 ／ 懶人可做 ／ 超低熱量

材料　2 人份

- 竹輪 2 根／牛蕃茄 120 克／毛豆仁 80 克／雪白菇 80 克／水 450 ～ 500 克

- **調味料**
  柴魚粉或高湯粉 1 小匙／鹽少許／蕃茄醬 1 大匙／蒜泥 1/2 小匙／乾燥洋香菜葉少許

做法

1 竹輪洗淨，切斜段；牛蕃茄去掉蒂頭後洗淨，切成塊；毛豆仁洗淨，瀝乾。

2 雪白菇切掉底部，分成一小朵一小朵，洗淨；高湯做法見 p.3。

3 將調味料倒入鍋中，加入水煮滾，續入竹輪、牛蕃茄和雪白菇、毛豆仁，以中火煮滾。

4 食用時，可撒些許乾燥洋香菜葉（巴西里）享用。

1 人份熱量
111 大卡

1 人份蔬菜量
100 克

3 色食材

減重營養站

① 一般來說，動物性酸性肉類是比較常見的蛋白質來源，而毛豆則有「植物肉」之稱，是富含蛋白質的鹼性食物，更含有大量卵磷脂、大豆異黃酮，能預防脂肪肝、降低體脂肪，不僅一般人減重時期可常食用，更是茹素減重者極佳的蛋白質來源。

② 體重過重者的飲食，多以精緻澱粉類、甜食、肉類為主，大多屬於酸性食物。為了身體健康、減重，應多食用鹼性食物。關於酸、鹼性食物的介紹，可參照 p.166 附錄 2「常見食物酸鹼度表」。

蕃茄玉米南瓜湯

一般&素食食用 / 不囤積脂肪 / 超低熱量

1 人份熱量
115 大卡

1 人份蔬菜量
128 克

4 色食材

材料 2 人份

· 黃洋蔥 120 克／帶皮栗子南瓜 150 克／甜玉米 100 克／牛蕃茄 120 克／青蔥 15 克／水或高湯 500 ～ 600 克

· **調味料**
柴魚粉少許／鹽少許

做法

1 黃洋蔥剝除外皮，切片後洗淨；南瓜刷洗外皮後對切，挖掉籽和囊絮，切成塊。

2 甜玉米剝掉外層葉子，切成一截一截，洗淨；牛蕃茄去掉蒂頭後洗淨，切成塊；青蔥切掉頭，洗淨後切蔥花；高湯做法見 p.3。

3 將水或高湯倒入鍋中煮滾，先放入洋蔥、南瓜煮約 10 分鐘，續入玉米、牛蕃茄煮滾（食材全熟），加入柴魚粉、鹽調味，撒上蔥花即成。

 減重營養站

❶ 建議搭配一顆水煮蛋、荷包蛋，或是將一顆雞蛋打入蔬菜湯中，增加這道湯料理的蛋白質攝取量。

❷ 具有低熱量、高膳食纖維特性的南瓜能提供減重時期最缺乏的飽足感，屬於低胰島素食物，很適合代替米飯，且能防止過度產生胰島素，但食用時仍須控制份量，以免攝取過多熱量。

雙金針湯

一般＆素食食用 ／ 超低熱量 ／ 無罪惡感宵夜

材料　2 人份

· 乾燥金針 20 克／金針菇 100 克／胡蘿蔔
100 克／黑木耳 40 克／小豆苗 60 克／水或
高湯 400 ～ 500 克

· **調味料**
鹽少許／柴魚粉少許

1 人份熱量
71 大卡

做法

1 金針菇切掉底部，剝散成一小撮一小撮，洗
淨；乾燥金針泡水至軟，洗淨，放入滾水中
燙過，瀝乾。

2 胡蘿蔔削除外皮後洗淨，切絲；黑木耳去蒂
頭後洗淨，切絲；高湯做法見 p.3。

3 將水或高湯倒入鍋中煮滾，先放入胡蘿蔔煮
滾，續入金針菇、金針、黑木耳和小豆苗煮
滾。

4 最後加入鹽、柴魚粉調味即成。

1 人份蔬菜量
160 克

5 色食材

減重營養站

❶ 木耳含有大量的膳食纖維、膠質，對減重中的
人而言，多食用木耳，可防止便祕，並且預防因
減重導致皮膚失去彈性和水分。

❷ 金針菇屬於低熱量、高膳食纖維的食物，食用
無負擔，可以有效防止脂肪堆積、使小腹平坦。

金黃蘑菇湯

一般&素食食用　／　高纖&飽足　／　營養寶庫

**1 人份熱量
166 大卡**

**1 人份蔬菜量
173 克**

3 色食材

材料　2 人份

· 栗子南瓜 250 克／絲瓜 150
克／西洋芹 100 克／蘑菇
80 克／玉米粒 100 克／青
蔥 15 克／水或高湯 500 克

· **調味料**
鹽少許

做法

1 南瓜刷洗外皮後對切，挖掉籽和囊絮，切成
小塊。

2 絲瓜削皮後洗淨，切成長塊；西洋芹洗淨，
摘掉葉子，梗切長條；蘑菇洗淨後切片；青
蔥切掉頭，洗淨後切蔥花；高湯做法見 p.3。

3 將水或高湯倒入鍋中煮滾，先放入南瓜，接
著加入絲瓜、西洋芹煮約 10 分鐘，最後放入
蘑菇、玉米粒煮滾，加入鹽調味，撒上蔥花
即成。

減重營養站

❶ 蘑菇富含維生素 B 群、膳食纖維，屬於低熱量、
低 GI 值的食物，是減重料理中常用到的食材，多
用來煮湯、做沙拉。蘑菇含麩胺酸，能釋放出獨
特的鮮味，為減重料理增添風味。

❷ 被譽為減重聖品的西洋芹所含的膳食纖維較粗，
建議食用時要多咀嚼，不僅能增加飽足感，更有
利於排便。此外，因為可以生食，洗淨後當作沙
拉菜或健康零食再適合不過。

酸辣湯

一般＆素食食用 ／ 高纖＆飽足 ／ 營養寶庫

材料　2 人份

· 牛蕃茄 180 克／黑木耳 100 克／胡蘿蔔 100
克／板豆腐 200 克／竹筍 50 克／雞蛋 2 顆／
青蔥 15 克／植物油少許／水或高湯 500 克

· 調味料
鹽少許／柴魚粉少許／醬油少許／辣椒醬少
許／黑醋少許

1 人份熱量
208 大卡

做法

1 牛蕃加去掉蒂頭後洗淨，切小塊；黑木耳去
蒂頭後洗淨，切長條；胡蘿蔔削除外皮後洗
淨，切長條；竹筍剝除外殼後洗淨，切長條。

2 板豆腐切長條；雞蛋打入碗中，拌勻成蛋液；
青蔥切掉頭，洗淨後切蔥花。

3 取一湯鍋，倒入些許油，待油稍熱後放入牛
蕃茄炒出香氣，倒入水，以中大火煮滾，續
入黑木耳、胡蘿蔔、板豆腐和竹筍煮滾，再
轉中小火煮至食材全熟。

4 加入醬油、辣椒醬、黑醋、鹽和柴魚粉調味，
最後打入蛋液，撒點蔥花即成。

1 人份蔬菜量
223 克

4 色食材

減重營養站

東方特有的食材：豆腐，是很知名的高蛋白質食物，
不過減重時期，要吃對豆腐才能有效減重和攝取蛋
白質，特別推薦嫩豆腐、雞蛋豆腐和傳統豆腐。以
100 克來說，熱量上是傳統豆腐（87 大卡）＞雞蛋
豆腐（78 大卡）＞嫩豆腐（50 大卡）；從含有蛋
白質量來看，則傳統豆腐＞雞蛋豆腐＞嫩豆腐，大
家可依所需來選擇。

41

絲瓜金針菇蛋花湯

一般＆素食食用 ／ 高纖＆飽足 ／ 不囤積脂肪

1 人份熱量
127 大卡

1 人份蔬菜量
175 克

4 色食材

材料　2 人份

· 絲瓜 200 克／金針菇 100
克／新鮮香菇 4 朵／雞蛋
2 顆／枸杞 10 克／水或
高湯 500 克

· **調味料**
鹽少許／柴
魚粉少許

做法

1 絲瓜削皮後洗淨，切成長條；金針菇切掉底
部，剝散成一小撮一小撮，洗淨；香菇切長
條或片狀。

2 雞蛋打入碗中，拌勻成蛋液；枸杞用熱水泡
軟，瀝乾；高湯做法見 p.3。

3 將水或高湯倒入鍋中煮滾，先放入絲瓜煮約
10 分鐘，續入金針菇、香菇煮滾。

4 接著慢慢打入蛋液，最後放入枸杞，加入鹽、
柴魚粉調味即成。

 減重營養站

絲瓜具有低熱量、含高膳食纖維的優點，可以防止
減重期間排便不順。此外，它所富含的幾丁聚醣，
能減少脂肪的吸收，飲食更無負擔。

青江菜蛋花粉絲湯

`一般食用` / `超低熱量` / `無罪惡感宵夜`

材料　2 人份

· 青江菜 200 克／胡蘿蔔 120 克／魚板 2 片／
雞蛋 2 顆／冬粉 2 把／水或高湯 500 克

· **調味料**
鹽少許／柴魚粉少許／香油少許

**1 人份熱量
230 大卡**

**1 人份蔬菜量
160 克**

3 色食材

做法

1 青江菜剝長段洗淨，再切成小段；胡蘿蔔削
除外皮後洗淨，切細絲。

2 魚板切片；雞蛋打入碗中，拌勻成蛋液；高
湯做法見 p.3。

3 將水或高湯倒入鍋中煮滾，先放入胡蘿蔔煮
約 5 分鐘，續入青江菜、魚板、冬粉煮滾。

4 打入蛋液，最後加入鹽、柴魚粉調味，滴入
香油即成。

減重營養站

❶ 主角青江菜是低熱量、低 GI 值的食物，可有效控
制體重，以及延緩用餐後血糖上升的速度。此外，
青江菜富含鈣質，可增加減重料理中的鈣吸收。

❷ 冬粉有低熱量、低 GI 質且富含膳食纖維的特性，
在減重時期，常用來代替白飯，當作主食。選購
時，應以 100%綠豆澱粉製成的綠豆冬粉為佳，不
僅膳食纖維比薯類冬粉高，而且含有更多蛋白質、
維生素等。

海帶芽蕃茄豆皮湯

| 1 人份熱量
126 大卡 | 一般&素食食用 / 速燃脂肪 / 無罪惡感宵夜 |

1 人份蔬菜量
103 克

3 色食材

材料　2 人份

· 乾燥海帶芽 5 克／
牛蕃茄 200 克／生
豆皮 100 克／生薑
泥 2 小匙／熟白芝
麻少許／水或柴魚
高湯 500 ～ 600 克

· **調味料**
鹽少許／昆布粉少
許／香油少許

做法

1 牛蕃茄去掉蒂頭後洗
  淨，切成月牙狀；生豆
  皮洗淨，切成一口大小
  的片狀；高湯做法見
  p.3。

2 將水或柴魚高湯倒入
  鍋中煮滾，先放入牛蕃
  茄、生豆皮煮滾，續入
  海帶芽、生薑泥也煮
  滾。

3 最後加入鹽、昆布粉
  調味，滴入香油，並撒
  上熟白芝麻即成。

減重營養站

海帶芽不僅熱量極低，還
富含不易囤積脂肪的褐藻
素、有助於排便的膳食纖
維，以及鈣、鐵、碘等礦
物質。它也屬於低 GI 值
食物，有助於延緩用餐後
血糖上升的速度。

白蘿蔔海帶芽豆皮湯

一般&素食食用 / 高纖&飽足 / 速燃脂肪

1 人份熱量
142 大卡

1 人份蔬菜量
138 克

4 色食材

材料 2 人份

- 白蘿蔔 150 克／黃洋蔥
  120 克／生豆皮 100 克／
  乾燥海帶芽 5 克／香菜
  少許／水或高湯 400 ～
  500 克

- **調味料**
  鹽少許／柴魚粉或昆布
  粉少許

做法

1 白蘿蔔削除外皮後洗淨，
  切四分之一圓片。黃洋蔥
  剝除外皮，切片後洗淨。

2 生豆皮洗淨，切成一口
  大小的片狀；高湯做法見
  p.3。

3 將水或高湯倒入鍋中煮
  滾，先放入白蘿蔔、黃洋
  蔥煮滾。

4 接著加入生豆皮煮滾，
  最後放入海帶芽，並加入
  鹽、柴魚粉或昆布粉調
  味，最後加點香菜即成。

減重營養站

白蘿蔔屬於低 GI 值、低熱量、低胰島素食物，
可延緩用餐後血糖上升的速度，並幫助迅速燃
脂。但白蘿蔔不適合體質較寒冷的人，食用時
要煮熟再吃。生豆皮的蛋白質含量高，但熱
量稍高於傳統豆腐、嫩豆腐，食用時要注意份
量，這道食譜的建議量是 1 人 50 克。

蘋果高麗菜湯

一般食用 / 高纖&飽足 / 營養寶庫

材料 2 人份

· 蘋果（中）1 顆／高麗菜 200 克／胡蘿蔔 100
  克／甜玉米 150 克／青蔥 15 克／水或高湯
  500 克／

· **調味料**
  鹽少許／柴魚粉少許

做法

1 蘋果削除外皮，切大塊；高麗菜切成片狀，
  洗淨；胡蘿蔔削除外皮後洗淨，切滾刀塊。

2 甜玉米剝掉外層葉子，剁成一截一截，洗淨；
  青蔥洗淨，切成蔥花；高湯做法見 p.3。

3 將水或高湯倒入鍋中煮滾，先放入蘋果煮
  滾，轉成中小火，慢慢熬出味道。

4 接著加入高麗菜、胡蘿蔔和甜玉米煮滾，再
  改成中小火煮至食材全熟，加入柴魚粉、鹽
  調味，撒上蔥花即成。

1 人份熱量
141 大卡

1 人份蔬菜量
158 克

4 色食材

減重營養站

❶ 高麗菜屬於鹼性食物，含有豐富的膳食纖維、
維生素 C 和水分。其中的維生素 C，有利於降低
這一餐的升醣指數、減少形成脂肪。高麗菜可以
煮湯、清炒或當作沙拉食用，很有飽足感且口感
爽脆，是減重期間會常吃到的蔬菜。

❷ 酸甜的蘋果是鹼性食物，富含多種營養素、膳
食纖維，對減重的人來說，建議將皮充分洗淨後
一同食用，才能攝取到果膠和纖維，促進排泄。
烹調時蘋果會釋出鮮甜味，可減少添加調味料。

蒟蒻丸子蔬菜湯

一般食用 ／ 高纖＆飽足 ／ 短期瘦身

1 人份熱量
204 大卡

1 人份蔬菜量
115 克

5 色食材

材料　2 人份

· 甜玉米 100 克／高麗菜 50 克／青江菜 50 克／
胡蘿蔔 50 克／金針菇 80 克／乾香菇（中）
2 朵／蒟蒻丸子 100 克／魚板 2 片／水或高湯
500 克

· **調味料**
鹽少許／柴魚粉少許

做法

1 甜玉米剝掉外層葉子，切成一截一截，洗淨；
高麗菜切片狀，洗淨；青江菜洗淨，將葉片一
片片剝開；胡蘿蔔削除外皮後洗淨，切菱形片。

2 金針菇切掉底部，剝散成一小撮一小撮，洗淨；
乾香菇放入適量溫水中泡軟，取出洗淨，切片，
泡香菇水不要倒掉。

3 蒟蒻丸子洗淨，用滾水汆燙一下，撈出沖冷水
降溫，瀝乾；高湯做法見 p.3。

4 將水或高湯倒入鍋中煮滾，加入泡香菇水，先
放入甜玉米、高麗菜和胡蘿蔔煮約 5 分鐘，續
入蒟蒻丸子和魚板煮滾，再放入金針菇、香菇
和青江菜煮滾，加入柴魚粉、鹽調味即成。

減重營養站

低熱量、低 GI 值的明星食物蒟蒻，主要成分是水和膳
食纖維，在減重料理中往往擔任提供飽足感的重責大
任，同時能延緩飯後血糖上升的速度。市面上販售的
蒟蒻塊、蒟蒻球、蒟蒻麵等，包裝內都含有石灰水以
利保存，所以入菜前，要先放入滾水汆燙再烹調。

活力什錦湯

一般＆素食食用 / 超低熱量 / 短期瘦身

材料　2 人份

· 乾燥金針 20 克／胡蘿蔔 100 克／黑木耳 60 克／甜玉米 100 克／乾香菇（中）2～3 朵／青蔥 15 克／水或高湯 500 克

· **調味料**
鹽少許／柴魚粉少許

做法

1 金針泡水至軟，洗淨，放入滾水中燙過，瀝乾。甜玉米剝掉外層葉子，切成一截一截，洗淨；高湯做法見 p.3。

2 乾香菇放入適量溫水中泡軟，取出洗淨，切絲，泡香菇水不要倒掉。

3 胡蘿蔔削除外皮後洗淨，切絲；黑木耳去蒂頭後洗淨，切絲；青蔥洗淨，切成蔥花。

4 將水或高湯倒入鍋中煮滾，放入金針、香菇、胡蘿蔔、黑木耳和甜玉米，轉中大火煮滾，再改成中小火煮至食材全熟，加入鹽、柴魚粉調味，撒上蔥花即成。

**1 人份熱量
89 大卡**

**1 人份蔬菜量
113 克**

4 色食材

減重營養站

❶ 乾香菇富含膳食纖維、蛋白質，而且在曬乾後產生了香菇香精，正是香菇風味的來源，用於湯料理中，除了攝取營養，也等於是天然的高湯。但減重者若本身有痛風、腎臟疾病、尿酸過高的話，可請教醫師後注意份量食用。

❷ 乾燥金針和乾香菇一樣，都富含蛋白質、膳食纖維，此外還有鈣、鐵等礦物質，用來煮湯，還能釋放出特殊風味。

蕃茄燃燒脂肪湯

一般＆素食食用 ／ 超低熱量 ／ 短期瘦身

材料　2 人份

· 高麗菜 60 克／黃洋
蔥 60 克／胡蘿蔔 60
克／西洋芹 60 克／
蕃茄罐頭 200 克／
水 300 克

· **調味料**
鹽少許／蔬菜高
湯粉 1 大匙／粗
粒黑胡椒少許

**1 人份熱量
64 大卡**

**1 人份蔬菜量
220 克**

4 色食材

做法

1 胡蘿蔔削除外皮後洗淨，切 1.5 公分小片；
高麗菜切 1.5 公分小片，洗淨。

2 黃洋蔥剝除外皮，切 1.5 公分小片；西洋芹
洗淨，摘掉葉子，梗切長條。

3 將胡蘿蔔、高麗菜、黃洋蔥和西洋芹倒入
鍋中，加入蕃茄罐頭、水，先以中火煮滾。

4 加入鹽、高湯粉調味，蓋上鍋蓋，煮至食材
都變得熟軟，最後撒上粗粒黑胡椒即成。

減重營養站

❶ 這道食譜含有高膳食纖維，在減重期間食用，
再搭配飲用足夠的水，除了有飽足感，更能有效
預防便祕。

❷ 市售蕃茄罐頭熱量低，而且湯汁略酸，用來烹
調，可使湯料理風味更具層次。

高麗菜味噌油豆腐湯

一般＆素食食用 / 高纖＆飽足 / 超低熱量

材料　2 人份

・高麗菜或白菜 200 克／胡蘿蔔 80 克／油豆
腐 120 克／青蔥 15 克／柴魚花 3 克／生薑
泥 2 小匙／水 500 克

・**調味料**
味噌 1 大匙／柴魚粉少許

做法

1 高麗菜或白菜洗淨，切大片；胡蘿蔔削除外
皮後洗淨，切四分之一的圓片。

2 油豆腐洗淨，擦乾水分後切片；青蔥切掉頭，
洗淨後切蔥絲。

3 將水、生薑泥倒入鍋中煮滾，放入高麗菜或
白菜、胡蘿蔔和油豆腐煮至變軟。

4 另取一碗，舀一勺湯汁，放入味噌溶解，再
整勺倒回鍋中，加入柴魚粉調味，最後撒入
蔥絲、柴魚花即成。

1 人份熱量
136 大卡

1 人份蔬菜量
140 克

4 色食材

減重營養站

❶ 高麗菜或大白菜都是低熱量食物，其中大白菜
的熱量低於高麗菜。這兩種蔬菜富含膳食纖維、
維生素 C，可增加飽足感、降低脂肪的攝取。此
外，大白菜還含有葉酸，可預防婦女產後發胖，
所以如果是產後婦女，可選大白菜烹調。

❷ 喜歡吃油豆腐的人，可先將油豆腐汆燙後再煮
成湯料理，減少攝取熱量。

蘆筍冬粉蛋花湯

一般&素食食用 / 高纖&飽足 / 不囤積脂肪

1 人份熱量
227 大卡

1 人份蔬菜量
110 克

3 色食材

材料　2 人份

· 綠蘆筍 100 克／胡
蘿蔔 120 克／冬粉 2
把／雞蛋 2 顆／毛豆
仁 40 克／水或高湯
400 ～ 500 克

· **調味料**
鹽少許／柴魚粉
少許／黑胡椒少
許／香油少許／
白醋少許

做法

1 綠蘆筍切掉根部較老的地方或削掉粗皮，斜
切長段；胡蘿蔔削除外皮後洗淨，切長條。

2 雞蛋打入碗中，拌勻成蛋液；冬粉先用熱水
泡開；高湯做法見 p.3。

3 將水或高湯倒入鍋中煮滾，先放入綠蘆筍、
胡蘿蔔和毛豆仁煮熟軟，再加入冬粉煮滾。

4 打入蛋液，最後加入鹽、柴魚粉和黑胡椒調
味，滴入香油、白醋即成。

　減重營養站

❶ 綠蘆筍屬於低熱量的鹼性食物，富含維生素 A、
鐵，使脂肪不易囤積；同時含有大量的膳食纖
維，可促進排便。

❶ 每 100 克的新鮮毛豆仁含有 14.6 克的蛋白質，
是一般人和茹素者攝取優質蛋白質的最佳來源。

蔬菜風味關東煮

一般食用 / 高纖&飽足 / 營養寶庫

材料 2 人份

· 白蘿蔔 200 克／海帶結 60 克／竹輪 2 根／
板豆腐 200 克／新鮮香菇 4 朵／蒟蒻塊
100 克／去殼水煮蛋 2 顆／香菜葉少許／水
500 ～ 600 克

· **調味料**
柴魚粉適量／鹽少許

做法

1 白蘿蔔削皮後洗淨，切圓厚片；竹輪洗淨，
切斜段；板豆腐洗淨，切塊。

2 蒟蒻塊洗淨，用滾水氽燙一下，撈出沖冷水
降溫，切長方厚片，從中間劃一刀，再從一
頭往內折。

3 將水倒入鍋中，加入適量柴魚粉、鹽煮滾成
高湯。

4 先加入白蘿蔔、海帶結和蒟蒻塊，蓋上鍋蓋
煮約 10 分鐘，續入香菇、板豆腐、竹輪煮
滾，加入對切的水煮蛋，撒上香菜葉即成。

1 人份熱量
222 大卡

1 人份蔬菜量
150 克

4 色食材

減重營養站

❶ 海帶結屬於低 GI 值、低熱量的食物，更富含多
種維生素、葉酸、泛酸等人體所需的營養素，
碘、鈣和鐵等礦物質也含量豐富，是營養多元的
減重食材。

❷ 雞蛋含有豐富的優質蛋白質、礦物質和維生素，
加上熱量低、容易購買，是減重或增肌時期補充
蛋白質的最佳食材。

超強蔬菜瘦身湯

一般&素食食用 / 高纖&飽足 / 超低熱量

**1 人份熱量
78 大卡**

**1 人份蔬菜量
230 克**

4 色食材

材料　2 人份

· 黃洋蔥 120 克／紅黃甜椒 120 克／西洋芹 120 克／蕃茄罐頭 200 克／乾燥月桂葉 1 片／水 400 ～ 500 克

· **調味料**
鹽少許／蔬菜高湯粉少許／黑胡椒少許

做法

1 黃洋蔥剝除外皮，切片後洗淨；甜椒去掉蒂頭，切片狀。

2 西洋芹洗淨，摘掉葉子，梗切易入口大小。

3 將水倒入鍋中煮滾，依序放入罐頭蕃茄、月桂葉、黃洋蔥、西洋芹梗和甜椒煮滾，撈出月桂葉。

4 加入鹽、高湯粉和黑胡椒調味即成。

 減重營養站

❶ 建議每一人份搭配一顆水煮蛋、荷包蛋，或是將一顆雞蛋打入蔬菜湯中，增加這道湯料理的蛋白質攝取量。

❷ 這道蔬菜湯全選用低熱量、低 GI 質且富含膳食纖維的蔬菜製作，不僅能飽足，更能吸收到多樣的營養。

冬瓜香菇紅棗湯

一般＆素食食用　高纖＆飽足　超低熱量

材料　2 人份

· 冬瓜 300 克／胡蘿蔔 120 克／新鮮香菇 4
朵／蒟蒻捲 200 克／紅棗 6 顆／生薑片 1
片／水或高湯 500 克

· **調味料**
鹽少許／柴魚粉少許

1 人份熱量
76 大卡

1 人份蔬菜量
230 克

4 色食材

做法

1 冬瓜洗淨，削除外皮後切片；新鮮香菇洗
淨，切片；胡蘿蔔削除外皮後洗淨，切片。

2 蒟蒻捲洗淨，用滾水汆燙一下，撈出沖冷
水降溫，瀝乾；高湯做法見 p.3。

3 將水或高湯、生薑片倒入鍋中煮滾，先放
入冬瓜、胡蘿蔔煮滾，續入香菇、蒟蒻捲
和紅棗煮滾。

4 最後加入鹽、柴魚粉調味即成。

減重營養站

❶ 建議每一人份搭配一顆水煮蛋、荷包蛋，或是
將一顆雞蛋打入蔬菜湯中，增加這道湯料理的
蛋白質攝取量。

❷ 冬瓜含水量和膳食纖維高、熱量低，在瓜類減
重料理食材中名列前茅。冬瓜含有高量的丙醇
二酸成分，有助於抑制食物中的碳水化合物轉
化成脂肪。此外，冬瓜還利尿、消水腫，能排
除體內多餘的水分、降低血脂。

味噌豆腐海帶芽菇菇湯

一般&素食食用 / 高纖&飽足 / 營養寶庫

1 人份熱量
145 大卡

1 人份蔬菜量
93 克

4 色食材

材料　2 人份

· 板豆腐 200 克／乾燥海帶芽 5 克／鴻喜菇 150 克／蔥花 30 克／水或柴魚高湯 500 ～ 600 克

· **調味料**
味噌 2 大匙

做法

1 板豆腐切一口塊狀。

2 鴻喜菇切掉底部，分成一小朵一小朵，洗淨；青蔥切掉頭，洗淨後切蔥花；高湯做法見 p.3。

3 將水或高湯倒入鍋中煮滾，先放入板豆腐煮滾，續入海帶芽、鴻喜菇。

4 舀一杓湯汁，放入味噌溶解，整杓倒回鍋中，再次煮滾，撒入蔥花即成。

 **減重營養站**

味噌在日本就像蕃茄在義大利，是最具代表性的國民健康食物。味噌是由大豆發酵而成，含有蛋白質、膳食纖維、大豆異黃酮和其他多種營養素，可用在烹調瘦身湯和營養醬汁，也很適合更年期女性減重食用，不過因為本身有鹹味，所以烹調時要斟酌鹽的用量。

剝皮辣椒苦瓜湯

一般＆素食食用 ／ 無罪惡感宵夜 ／ 超低熱量

材料　2 人份

- 剝皮辣椒 2 ～ 3 條／苦瓜 200 克／竹筍 50 克／新鮮香菇 4 朵／青蔥 30 克／水或高湯 500 ～ 600 克

- **調味料**
  鹽少許／柴魚粉少許

**1 人份熱量
39 大卡**

做法

1 剝皮辣椒切對半；苦瓜洗淨後去囊籽，切成塊狀，用滾水汆燙一下，撈出瀝乾。竹筍剝除外殼後洗淨，切成塊狀。

2 新鮮香菇洗淨，切對半；青蔥洗淨，切成蔥花；高湯做法見 p.3。

3 將水或高湯倒入鍋中，先以中大火煮滾，放入苦瓜、竹筍煮滾，再改成中小火熬煮至苦瓜熟軟，加入剝皮辣椒、香菇煮軟。

4 最後加入鹽、柴魚粉調味，撒上蔥花即成。

**1 人份蔬菜量
160 克**

3 色食材

減重營養站

❶ 建議每一人份搭配一顆水煮蛋、荷包蛋，或是將一顆雞蛋打入蔬菜湯中，增加這道湯料理的蛋白質攝取量。

❷ 苦瓜熱量極低，是低胰島素食物，它有白色和綠色兩種，綠苦瓜的熱量雖然比白苦瓜高，但營養成分優於白苦瓜，像維生素 A、維生素 C 的含量都高於數倍。

酸白菜豆腐湯

一般&素食食用 ／ 高纖&飽足 ／ 不囤積脂肪

1 人份熱量
166 大卡

1 人份蔬菜量
173 克

3 色食材

材料　2 人份

· 酸白菜 100 克／豆腐 200 克／胡蘿蔔
100 克／玉米筍 100 克／金針菇 60 克／
水或高湯 500 ～ 600 克

· 調味料
柴魚粉少許／鹽適量

做法

1 酸白菜切小段；豆腐切成適口大小；胡
蘿蔔削除外皮後洗淨，切滾刀塊。

2 玉米筍洗淨，斜切對半；金針菇切掉底
部，剝散成一小撮一小撮，洗淨；高湯
做法見 p.3。

3 將水或高湯倒入鍋中煮滾，放入酸白菜、
豆腐、胡蘿蔔、玉米筍和金針菇煮滾，
轉中小火，煮至所有食材都熟了。

4 最後加入鹽、柴魚粉調味即成。

 減重營養站

玉米筍是玉米的果穗，熱量較生長後的玉米來
得低，屬於蔬菜類，而非澱粉類（玉米是澱粉
類）。玉米筍含有多樣營養，其中的維生素 A
能預防囤積脂肪，膳食纖維則有助於排便順暢
防止便祕。

豆瓣醬豆腐湯

一般&素食食用 / 高纖&飽足 / 營養寶庫

材料　2 人份

· 板豆腐 300 克／高麗菜 200 克／生薑 1 片／大
蒜 1 瓣／青蔥 30 克／紅辣椒 1 支／香油少許／
水 400～450 克／勾芡汁（水 2 大匙＋太白粉
1 大匙）適量

· 調味料
鹽少許／味精少許／醬油少許／豆瓣醬或辣豆
瓣醬 1 小匙／黑胡椒少許

做法

1 板豆腐洗淨，切 2～3 公分正方塊；高麗菜切
2 公分正方片狀，洗淨。

2 生薑、大蒜切碎；青蔥切掉頭，洗淨後切蔥花；
紅辣椒切去蒂頭，洗淨，切小段。

3 取一湯鍋，倒入些許香油，待油稍微熱後放入
生薑、大蒜，以中小火炒出香氣。

4 倒入板豆腐、高麗菜、水，以及鹽、味精、醬
油和豆瓣醬煮滾，關火，倒入勾芡汁，迅速勾
芡，並淋上香油。

5 欲食用時，可撒上黑胡椒、蔥花、辣椒段食用。

1 人份熱量
164 大卡

1 人份蔬菜量
115 克

4 色食材

減重營養站

1 板豆腐是植物性高蛋白質食物，是減重時期、素食
者攝取蛋白質的最方便來源。它含有的豐富大豆異
黃酮，也是更年期減重女性補充營養的好食物，能
增加骨質密度和降低體脂肪。

2 減重時期吃多了清淡口味的湯品，很想來點重口味
時，這道加了辣椒、辣豆瓣醬調味的微辣料理，能
改變飲食口味，讓辛苦的減重計畫能持續下去。

消肚子蔬菜湯

一般＆素食食用 ／ 高纖＆飽足 ／ 短期瘦身

1 人份熱量
72 大卡

1 人份蔬菜量
250 克

5 色食材

材料　2 人份

· 黃洋蔥 120 克／綠花椰菜 120 克／白蘿蔔 120 克／胡蘿蔔 60 克／小蕃茄 6 顆／高麗菜 80 克／昆布 6 公分 1 片／生薑 20 克／水或高湯 500 ～ 600 克

· **調味料**
鹽少許／柴魚粉少許

做法

1 黃洋蔥、白蘿蔔和胡蘿蔔都去除外皮，切 2 公分小丁；綠花椰菜洗淨，切掉根部較硬的地方，分成一小朵一小朵。

2 小蕃茄去掉蒂頭後洗淨，切對半：高麗菜切 2 公分正方片狀，洗淨；生薑切片；高湯做法見 p.3。

3 將黃洋蔥、白蘿蔔、胡蘿蔔、小蕃茄和高麗菜放入湯鍋中，加入生薑、昆布、水或高湯，加入調味料，蓋上鍋蓋，以中火煮滾。

4 改成小火繼續煮約 20 分鐘。

5 快煮好前 3～4 分鐘，加入綠花椰菜煮熟即成。

減重營養站

❶ 建議每一人份搭配一顆水煮蛋、荷包蛋，或是將一顆雞蛋打入蔬菜湯中，增加這道湯料理的蛋白質攝取量。

❷ 來自大海的昆布，含豐富的礦物質碘，能促進新陳代謝，而它含的多醣類成分，能減少脂肪堆積。料理中加入了昆布熬煮，可使湯頭自然清甜。

綜合豆蔬菜湯

一般&素食食用 ╱ 高纖&飽足 ╱ 營養寶庫

材料　2 人份

· 牛蕃茄 150 克／黃洋蔥 120 克／西洋芹 120
克／綜合豆罐頭（白腰豆 30 克、紅腰豆 30
克、鷹嘴豆 20 克）共 80 克／白酒 2 大匙／
橄欖油少許／水 400 ～ 500 克

· **調味料**
鹽少許／黑胡椒少許

1 人份熱量
175 大卡

做法

1 黃洋蔥剝除外皮，切片狀後洗淨；牛蕃茄去掉
蒂頭後洗淨，切片狀。

2 西洋芹洗淨，摘掉葉子，梗切長條，再切 1.5
公分小丁，葉子備用；豆子瀝乾。

3 取一湯鍋，倒入些許橄欖油，待油稍微熱後放
入黃洋蔥，炒至變透明，續入牛蕃茄炒 2 ～ 3
分鐘。

1 人份蔬菜量
195 克

4 倒入白酒、水，加入鹽、黑胡椒調味，等煮滾
後蓋上鍋蓋，煮約 5 分鐘。

5 接著加入豆子、西洋芹，蓋上鍋蓋，煮至食材
都熟軟，撒上西洋芹葉增添香氣。

6 欲食用時，可滴入些許橄欖油。

4 色食材

減重營養站

❶ 腰豆屬於蛋白質豆，含豐富的蛋白質、膳食纖維，
以及多種礦物質，常作減重料理的主角不僅能補充
能量，因 GI 值低，可有效控制體重，以及延緩用
餐後血糖上升的速度。

❷ 鷹嘴豆屬於五穀雜糧豆，是許多素食者、健身素
食者攝取蛋白質的最佳來源。除了高蛋白質，它所
含的抗性澱粉能減重，但仍須注意食用量，以免攝
取過多熱量。

咖哩蔬菜湯

一般＆素食食用 ∕ 高纖＆飽足 ∕ 無罪惡感宵夜

材料　2 人份

- 黃洋蔥 50 克／牛蕃茄 100 克／馬鈴薯 120 克／胡蘿蔔 120 克／秋葵 80 克／玉米筍 100 克／生薑 15 克／植物油少許／水 500 ～ 600 克

- **調味料**
  咖哩粉 10 克

做法

1 黃洋蔥剝除外皮，切 4 ～ 5 公分長條片後洗淨；牛蕃茄去掉蒂頭後洗淨，切月牙片。

2 胡蘿蔔、馬鈴薯去除外皮，切滾刀塊；秋葵洗淨，橫切成星星片；玉米筍洗淨，切斜段；生薑切碎。

3 取一湯鍋，倒入些許植物油，待油稍微熱後放入生薑炒出香氣，加入黃洋蔥、牛蕃茄、胡蘿蔔、馬鈴薯、秋葵和玉米筍翻炒約 5 分鐘。

4 倒入水，先以中大火煮滾，蓋上鍋蓋，改中小火繼續煮至食材熟軟且入味。

5 另取一碗，放入咖哩粉，再舀一點做法 **4** 的湯汁，攪拌均勻後倒回做法 **4** 即可。

減重營養站

❶ 長相奇特的星星蔬菜秋葵，含有大量膳食纖維、胡蘿蔔素和維生素 C，是極佳的纖維質來源，有助於消脂。

❷ 咖哩含有薑黃、辣椒等成分，能提升免疫力、促進新陳代謝。減重時期可用咖哩粉增添風味，讓減重湯品不再淡而無味。

1 人份熱量
127 大卡

1 人份蔬菜量
225 克

4 色食材

高麗菜豆皮蕃茄湯

一般＆素食食用　　高纖＆飽足　　不囤積脂肪

材料　2 人份
· 高麗菜 200 克／生豆皮 100 克／牛蕃茄 120
克／板豆腐 200 克／新鮮香菇 4 朵／水或高
湯 600 克

· **調味料**
鹽少許／香菇粉少許

**1 人份熱量
228 大卡**

**1 人份蔬菜量
180 克**

4 色食材

做法

1 高麗菜切大片狀，洗淨；板豆腐洗淨，切塊。

2 牛蕃茄去掉蒂頭後洗淨，切成月牙片；生豆
皮洗淨，切成一口大小的片狀；香菇切片；
高湯做法見 p.3。

3 將水或高湯倒入鍋中煮滾，先放入高麗菜、
牛蕃茄和板豆腐煮約 5 分鐘，續入生豆皮、
香菇煮滾，加入鹽、香菇粉調味即成。

減重營養站

❶ 有蔬菜中的水果之稱的蕃茄，屬於鹼性食物，因
熱量低、GI 值低又含有許多營養素和膳食纖維，
幾乎和減重料理劃上等號。它豐富的維生素 A、
C 和膳食纖維，可幫助代謝脂肪、促進排便；蕃
茄紅素則能抗老化，很適合中年減重者。

❷ 蕃茄的種類多，其中以大蕃茄、牛蕃茄的熱量較
低，很適合用來烹調湯品，增加湯汁的清爽氣味。

咖哩蔬菜豆子湯

一般＆素食食用 ／ 高纖＆飽足 ／ 超低熱量

**1 人份熱量
99 大卡**

**1 人份蔬菜量
160 克**

3 色食材

材料　2 人份

· 高麗菜 200 克／綜合豆
罐頭（白腰豆 30 克、
紅腰豆 30 克、鷹嘴豆
20 克）共 80 克／黃洋
蔥 120 克／水或高湯
400 克

· **調味料**
咖哩粉 10 克

做法

1 高麗菜洗淨，切大片；豆子瀝乾。

2 黃洋蔥剝除外皮洗淨，切 4 ～ 5 公分長條
片後洗淨；高湯做法見 p.3。

3 將水或高湯倒入鍋中，先以中大火煮滾，放
入黃洋蔥、高麗菜煮滾。等黃洋蔥、高麗菜
變軟之後，加入豆子煮滾。

4 取一碗，將咖哩粉倒入，再舀進一點做法 **3**
的湯汁，攪拌均勻後倒回做法 **3** 即可。

減重營養站

❶ 低熱量的洋蔥是鹼性食物，除了各種營養素之
外，也含有豐富的膳食纖維、水，在減重期間食
用，能提供飽足感與水分。不喜愛洋蔥辛辣味的
人，可以煮湯方式食用。

❷ 洋蔥具有甜味，可增加湯料理的鮮甜，也很適
合用來製作基底高湯。

味噌什錦菇蔥花湯

一般＆素食食用 ／ 高纖＆飽足 ／ 無罪惡感宵夜

材料　2 人份

· 雪白菇 100 克／秀珍菇 100 克／新鮮香菇 4
朵／板豆腐 200 克／青蔥 50 克／水 500 克

· **調味料**
味噌 1 大匙

**1 人份熱量
141 大卡**

做法

1 雪白菇切掉底部，分成一小朵一小朵，洗淨；
秀珍菇洗淨後切片；香菇切片。

2 板豆腐切一口片狀；青蔥切掉頭，洗淨後切
蔥花。

**1 人份蔬菜量
145 克**

3 將水倒入鍋中煮滾，先放入雪白菇、秀珍菇、
香菇和板豆腐煮滾。

4 舀一杓湯汁，放入味噌溶解，整杓倒回鍋中，
再次煮滾，撒入蔥花即成。

3 色食材

減重營養站

❶ 小巧可愛的雪白菇，每 100 克含有 100 毫克的鳥
胺酸，居各種菇類之冠，可以幫助燃燒脂肪。它
也含有能延緩用餐後血糖上升速度的 β 葡聚糖，
是營養多多的菇類食物。

❷ 含高蛋白質且低熱量的秀珍菇，富含維生素 C、
維生素 B 群等，以及鋅、鈣、鎂、鐵等礦物質，
營養豐富。不過因它的普林和鉀含量較高，罹
患痛風、高尿酸以及腎臟相關疾病的減重者不
能食用。

青江菜蕃茄蛋花湯

一般＆素食食用 ／ 懶人可做 ／ 高纖＆飽足

1 人份熱量
182 大卡

1 人份蔬菜量
133 克

3 色食材

材料　2 人份

· 牛蕃茄 150 克／青江菜 100 克／板豆腐 200
克／雞蛋 2 顆／青蔥 15 克／水或高湯 500 克

· **調味料**
鹽少許／柴魚粉少許

做法

1 牛蕃茄去掉蒂頭後洗淨，切成月牙片；青江
菜洗淨，將葉片一片片剝開洗淨，切長段；
板豆腐切一口片狀。

2 雞蛋打入碗中，打勻成蛋液；青蔥切掉頭，
洗淨後切蔥花；高湯做法見 p.3。

3 將水或高湯倒入鍋中煮滾，先放入牛蕃茄煮
滾，續入板豆腐、青江菜煮滾。

4 慢慢倒入蛋液攪散，煮滾，加入鹽、柴魚粉
調味，撒上蔥花即成。

 **減重營養站**

青江菜因外型像湯匙，所以又叫湯匙菜，是低熱
量、低 GI 值、高含鈣量、高膳食纖維的黃綠色食
材，是極佳的減重蔬菜。清炒或煮湯食用皆可，但
須注意如果煮湯料理，在最後階段再放入煮熟即
可，不可烹調太久。

蕃茄什錦菇湯

一般&素食食用　　高纖&飽足　　低熱量&低 GI

材料　2 人份

· 牛蕃茄 120 克／金針菇 100 克／雪白菇 100
克／鴻喜菇 100 克／雞蛋 2 顆／青蔥 15 克／
植物油少許／水或高湯 500 克

· **調味料**
鹽少許／柴魚粉少許

1 人份熱量
127 大卡

做法

1 牛蕃茄去掉蒂頭後洗淨，切塊；金針菇切掉
底部，剝散成一小撮一小撮，洗淨；鴻喜菇、
雪白菇切掉底部，分成一小朵一小朵，洗淨。

1 人份蔬菜量
218 克

2 雞蛋打入碗中，拌勻成蛋液；青蔥切掉頭，
洗淨後切蔥花；高湯做法見 p.3。

3 取一湯鍋，倒入些許油，待油稍熱後放入牛
蕃茄炒出香氣，倒入水或高湯，以中大火煮
滾，續入金針菇、雪白菇、鴻喜菇煮滾，再
轉中小火煮至食材全熟。

4 色食材

4 加入鹽和柴魚粉調味，最後打入蛋液，撒點
蔥花即成。

減重營養站

❶ 金針菇常用在烹調火鍋、湯類料理中。它富含膳
食纖維，可有效促進排便。經研究發現還含有大
量蘑菇殼聚醣、金針菇亞油酸，有助於分解脂肪、
燃燒脂肪，是蕈菇之中的減重大將。

❷ 容易入菜的平民菇鴻喜菇，含有高蛋白和膳食纖
維，並且熱量低，食用後具有飽足感。

秋葵豆腐蛋花湯

一般＆素食食用 ／ 懶人可做 ／ 高纖＆飽足

1 人份熱量
200 大卡

1 人份蔬菜量
125 克

3 色食材

材料　2 人份

· 秋葵 100 克／板豆腐 200 克／金針菇 150
　克／雞蛋 2 顆／水或高湯 500 克

· **調味料**
　鹽少許／柴魚粉少許

做法

1 秋葵洗淨，切去蒂頭；板豆腐切約 3 公分
　正方片；金針菇切掉底部，剝散成一小撮
　一小撮，洗淨。

2 雞蛋打入碗中，拌勻成蛋液；高湯做法見
　p.3。

3 將水或高湯倒入鍋中煮滾，先放入秋葵、
　板豆腐和金針菇煮約 5 分鐘，慢慢倒入蛋
　液攪散，煮滾後加入柴魚粉、鹽調味即成。

減重營養站

在非洲地區，早在紀元前便有人食用秋葵，食用
歷史很悠久。它所含的水溶性纖維果膠，可防止
血糖值上升、促進排便；含有的黏蛋白能抑制吸
收脂肪，促進蛋白質的消化和吸收。

韭菜味噌蛋花湯

一般&素食食用 ／ 高纖&飽足 ／ 懶人可做

材料　2 人份

· 韭菜 150 克／胡蘿蔔 100 克／板豆腐 200
　克／雞蛋 2 顆／水 500 克

· **調味料**
　味噌 1 大匙／柴魚粉少許

做法

1 韭菜切掉頭，切成 5～6 公分的長段後洗淨；
　胡蘿蔔削除外皮後洗淨，切細絲；板豆腐
　洗淨，切適口大小。

2 雞蛋打入碗中，拌勻成蛋液；青蔥切掉頭，
　洗淨後切蔥花。

3 將水倒入鍋中煮滾，先放入胡蘿蔔、板豆
　腐和韭菜煮約 5 分鐘，慢慢倒入蛋液攪散。

4 取一碗，舀一杓湯汁，放入味噌溶解，再
　倒回鍋中，再次煮滾，加入柴魚粉即成。

1 人份熱量
205 大卡

1 人份蔬菜量
125 克

3 色食材

減重營養站

韭菜富含較粗的膳食纖維、維生素，能促進排便、
減少熱量的吸收，有助於減重。韭菜本身辛辣味較
重，這裡加入味噌烹調湯料理，提升風味和口感。

雙瓜蕃茄湯

一般＆素食食用 ／ 高纖＆飽足 ／ 營養寶庫

材料　2 人份

· 栗子南瓜 250 克／綠櫛瓜 200 克／牛蕃茄
120 克／蕃茄糊 30 克／青蔥 15 克／水或高
湯 500 克

· **調味料**
鹽少許／黑胡椒少許

做法

1 南瓜刷洗外皮後對切，挖掉籽和囊絮，切塊；
綠櫛瓜去蒂頭，洗淨，切圓片。

2 牛蕃茄去蒂頭，洗淨，切塊；青蔥切掉頭，
洗淨後切蔥花；高湯做法見 p.3。

3 將水或高湯倒入鍋中煮滾，先放入南瓜、綠
櫛瓜煮約 5 分鐘，續入牛蕃茄、蕃茄糊煮滾。

4 加入鹽、黑胡椒調味，撒上蔥花即成。

**1 人份熱量
127 大卡**

**1 人份蔬菜量
183 克**

3 色食材

🍲 **減重營養站**

❶ 低熱量、低 GI 值、高膳食纖維的櫛瓜，有助於
消除水腫、降低體脂，是近年來很紅的瘦身明星
食材。它還含有鉀、鐵等礦物質、維生素和 β-
胡蘿蔔素，可以提升免疫力，且具有美肌的效果。

❷ 櫛瓜風味清淡，就像一個配角般，很適合與其他
蔬菜清炒或燉煮、燒烤。

南瓜泥蘑菇湯

一般&素食食用 ／ 懶人可做 ／ 高纖&飽足

1 人份熱量
169 大卡

1 人份蔬菜量
135 克

2 色食材

材料　2 人份

· 栗子南瓜 250 克／蘑菇 150 克／黃洋蔥 120 克／堅果碎 10 克／水或高湯 500 克

· **調味料**
鹽少許／黑胡椒少許

做法

1 南瓜刷洗外皮後對切，挖掉籽和囊絮，切成小塊，放入電鍋中蒸熟，取出壓成泥。

2 蘑菇洗淨後切片；黃洋蔥剝除外皮後洗淨，切成片狀；高湯做法見 p.3。

3 將水或高湯倒入鍋中煮滾，放入南瓜泥，煮勻成南瓜濃湯，續入蘑菇、黃洋蔥煮滾。

4 加入鹽、黑胡椒調味即成。欲食用時，撒上堅果碎。

減重營養站

❶ 體型小巧的栗子南瓜，是目前市面的主流品種之一。它富含果膠、膳食纖維，使脂肪不易囤積且排便順暢。南瓜另含有可促進血液循環的維生素 E、可抗氧化的維生素 C 等營養。

❷ 減重時期建議可食用富含不飽和脂肪酸、膳食纖維和鎂的堅果，以腰果、杏仁來說，大約 5 顆為 1 份，每天可食用 1 ～ 2 份。不過，對堅果過敏者請勿食用。

半天筍菇湯

▸ 一般&素食食用 ／ 高纖&飽足 ／ 超低熱量

材料　2 人份

· 半天筍 150 克／胡蘿蔔 120 克／雪白菇 80
克／生豆皮 60 克／生薑末 5 克／香菜適量／
植物油少許／水或高湯 500 克

· **調味料**
鹽少許／柴魚粉少許

做法

1 半天筍切長段，洗淨；胡蘿蔔削除外皮後洗
淨，切長條；雪白菇切去底部，剝散成一小
撮一小撮，洗淨；生豆皮洗淨，切成一口大
小的片狀；高湯做法見 p.3。

2 取一湯鍋，倒入油，待油稍微熱後放入生薑
末炒香。

3 將水或高湯倒入鍋中煮滾，先放入胡蘿蔔煮
約 10 分鐘，續入半天筍、雪白菇和豆皮煮滾。

4 加入鹽、柴魚粉調味，最後撒上香菜即成。

1 人份熱量
111 大卡

1 人份蔬菜量
175 克

3 色食材

減重營養站

口感清脆的半天筍含膳食纖維，具有飽足感。要注
意半天筍不適合體質較寒冷的人，也不可吃過量，
以免因吃下太多檳榔鹼而中毒，少量品嚐為佳。另
外，對半天筍過敏者請勿食用。

蓮藕豆芽海帶結湯

1 人份熱量
155 大卡

1 人份蔬菜量
185 克

5 色食材

材料　2 人份

· 蓮藕 200 克／牛蒡 150 克／甜玉米 100 克／海帶結 100 克／豆芽菜 120 克／生薑片 2 片／香菜葉少許／水或高湯 500 克

· **調味料**
鹽少許／柴魚粉少許

做法

1 蓮藕外皮刷洗乾淨，橫切圓片；牛蒡削除外皮後洗淨，切成斜片，泡在清水中，備用。

2 甜玉米剝掉外層葉子，切成一截一截，洗淨；豆芽菜洗淨，瀝乾；高湯做法見 p.3。

3 將水或高湯倒入鍋中煮滾，先放入蓮藕、牛蒡和薑片煮約 20 分鐘，續入甜玉米、海帶結和豆芽菜煮滾，加入柴魚粉、鹽調味，撒上香菜葉即成。

減重營養站

黃豆芽富含膳食纖維、低熱量，能有效降低脂肪的吸收。它還含有高單位維生素 A，可防止囤積脂肪。此外，黃豆芽富含大豆異黃酮，對更年期減重的女性，能同時減緩更年期的不適，並增加骨質密度。

豆腐海帶結湯

1 人份熱量
164 大卡

1 人份蔬菜量
200 克

3 色食材

材料　2 人份

· 牛蕃茄 200 克／板豆
腐 300 克／海帶結 50
克／豆芽菜 100 克／
青江菜 50 克／水或
高湯 500 克

· 調味料
鹽少許／柴魚粉小許

做法

1 牛蕃加去掉蒂頭後洗
淨，切成塊；海帶結
洗淨；板豆腐切成一
口塊狀。

2 豆芽菜洗淨，瀝乾；
青江菜洗淨，將葉片
一片片剝開；高湯做
法見 p.3。

3 將水或高湯倒入鍋中
煮滾，先放入海帶結、
豆芽菜煮約 8 分鐘，
續入牛蕃茄、板豆腐
和青江菜煮滾，加入
柴魚粉、鹽調味即成。

減重營養站

熱量比黃豆芽、黑豆芽低的綠豆芽，
富含維生素和礦物質，更含有大量的
膳食纖維、水分，可增加飽足感和促
進排便，是減重期間的好食材。

絲瓜芽菜蒟蒻捲湯

1 人份熱量
55 大卡

1 人份蔬菜量
205 克

4 色食材

材料　2 人份

· 絲瓜 240 克／豆芽菜 100 克／黑木耳 60 克／蒟蒻捲 100 克／枸杞 10 克／水 500 克

· **調味料**
鹽少許／柴魚粉少許

減重營養站

建議每一人份搭配一顆水煮蛋、荷包蛋，或是將一顆雞蛋打入蔬菜湯中，增加這道湯料理的蛋白質攝取量。

做法

1 絲瓜削皮後洗淨，切成長條；豆芽菜洗淨，瀝乾；黑木耳去蒂頭後洗淨，切片。

2 蒟蒻捲洗淨，用滾水汆燙一下，撈出沖冷水降溫，瀝乾；枸杞用熱水泡軟，瀝乾。

3 將水倒入鍋中煮滾，先放入絲瓜、蒟蒻捲，蓋上鍋蓋煮約 10 分鐘，續入豆芽菜、黑木耳煮滾。

4 最後放入枸杞，加入柴魚粉、鹽調味即成。

蕃茄蛋花玉米蒟蒻湯

一般&素食食用 / 高纖&飽足 / 短期瘦身

材料 2 人份

· 牛蕃茄 150 克／黃洋蔥 120 克／胡蘿蔔 100 克／雞蛋 2 顆／甜玉米粒 100 克／生薑 1 片／青蔥 15 克／蒟蒻絲 100 克／水或高湯 500 克

· **調味料**
鹽少許／柴魚粉少許

做法

1 牛蕃茄去掉蒂頭後洗淨，切成小塊；黃洋蔥剝除外皮，切片後洗淨；胡蘿蔔削除外皮後洗淨，切細絲。

2 雞蛋打入碗中，拌勻成蛋液；青蔥切掉頭，洗淨後切蔥花。

3 蒟蒻絲洗淨，用滾水汆燙一下，撈出沖冷水降溫，瀝乾。

4 將水或高湯倒入鍋中煮滾，先放入牛蕃茄、洋蔥和胡蘿蔔、生薑片煮約 5 分鐘，加入甜玉米粒、蒟蒻絲，慢慢倒入蛋液攪散，煮滾，加入柴魚粉、鹽調味，撒上蔥花即成。

1 人份熱量
171 大卡

1 人份蔬菜量
193 克

4 色食材

減重營養站

蒟蒻俗稱魔芋，屬於塊莖草本植物，一般多食用地下莖。每 100 克蒟蒻約 20 大卡熱量，建議可用蒟蒻絲、蒟蒻米和蒟蒻麵等代替飯類食用。

PART2

加點肉！
飽足蔬菜湯

除了使用蔬菜，每道湯料理中還加入了高蛋白質的雞胸肉、鯛魚片、蝦仁和牛肉片等，可變換蔬菜湯的風味、提高蛋白質的攝取、提升口感，並且食材更豐盛，讓蔬菜湯更好吃！

韭菜蝦仁豆腐湯

一般食用 / 不囤積脂肪 / 無罪惡感宵夜

材料　2 人份

· 韭菜 150 克／蝦仁 100 克／板豆腐 200 克／
秋葵 50 克／勾芡汁（水 2 大匙＋太白粉 1 大
匙）適量／水或高湯 500 克

· **調味料**
鹽少許／香油或辣油少許

1 人份熱量
156 大卡

做法

1 韭菜切掉頭，切成 1.5 ～ 2 公分的小丁後洗
淨；蝦仁挑除腸泥後洗淨，切小丁。

2 板豆腐切成 1.5 ～ 2 公分的小丁；秋葵洗淨，
切成斜段；高湯做法見 p.3。

3 將水或高湯倒入鍋中煮滾，放入板豆腐、蝦
仁和秋葵煮約 5 分鐘，續入韭菜煮熟，關火，
倒入勾芡汁，迅速勾芡，加入鹽調味。

4 欲食用時，可淌入些許香油或辣油食用。

1 人份蔬菜量
100 克

3 色食材

減重營養站

❶ 韭菜的香辛味來源成分大蒜素，可以提升維生素
B_1 的攝取，幫助緩解疲勞。韭菜比較不易保存，
建議放入塑膠袋中，以橡皮筋綁緊袋口或密封，
置於冰箱冷藏，也可防止氣味溢出。

❷ 蝦仁富含蛋白質、鈣質，而且熱量低，是減重時
期補充蛋白質的優質海鮮。它還含有鐵、鎂等有
利於瘦身的礦物質。蝦子類的熱量由低到高是蝦
仁＜鐵甲蝦（硬殼蝦）＜小龍蝦＜劍蝦＜明蝦＜
大頭蝦＜草蝦。而有殼蝦的甲殼質，可以減少吸
收脂肪。

南瓜洋蔥玉米鯛魚湯

一般食用 / 高纖&飽足 / 營養寶庫

1 人份熱量
214 大卡

1 人份蔬菜量
108 克

3 色食材

材料　2 人份

· 栗子南瓜 200 克／黃洋蔥 120 克／甜玉米 150 克／蘑菇 80 克／鯛魚肉 100 克／青蔥 15 克／水或高湯 500 ～ 600 克

· 調味料
鹽少許／柴魚粉少許

做法

1 南瓜刷洗外皮後對切，挖掉籽和囊絮，切塊；黃洋蔥剝除外皮，切片後洗淨。

2 甜玉米剝掉外層葉子，切成一截一截，洗淨；蘑菇切對半後洗淨。

3 鯛魚肉切片；青蔥切掉頭，洗淨後切蔥花；高湯做法見 p.3。

4 將水或高湯倒入鍋中煮滾，先放入南瓜、洋蔥煮約 10 分鐘，續入玉米、蘑菇和鯛魚肉煮滾（食材全熟），加入柴魚粉、鹽調味，撒上蔥花即成。

減重營養站

❶ 鯛魚肉零脂肪、無碳水化合物，還富含蛋白質、各種維生素與礦物質，是減重時期的明星高蛋白低脂肪肉。烹調湯料理時，由於鯛魚肉較細緻，建議不要切得太薄，並且在最後階段再放入烹調，可避免魚肉久煮破散，並且維持口感。

❷ 外型渾圓的蘑菇含有 β- 葡聚醣、甲殼素和膳食纖維，食用後有飽足感且能促進排泄。

蕃茄山藥魚片湯

一般食用 / 高纖＆飽足 / 營養寶庫

材料　2 人份

・牛蕃茄 150 克／山藥 150 克／板豆腐 200 克／
鯛魚片 100 克／紅棗 8 顆／青蔥 15 克／水或
高湯 500 克／植物油少許

・**調味料**
鹽少許／柴魚粉少許

做法

1 牛蕃茄去掉蒂頭後洗淨，切成塊，山藥削除
外皮，稍微沖洗過，切滾刀塊。

2 板豆腐切塊；鯛魚肉切片；青蔥切掉頭，洗
淨後切蔥絲；高湯做法見 p.3。

3 取一湯鍋，倒入些許油，待油稍微熱後放入
牛蕃茄炒出香氣，倒入水或高湯，以中大火
煮滾，續入山藥，改成中小火慢煮至蕃茄和
山藥熟軟。

4 最後加入板豆腐、鯛魚片和紅棗煮滾，加入
鹽、柴魚粉調味，撒上蔥絲即成。

1 人份熱量
249 大卡

1 人份蔬菜量
102 克

3 色食材

減重營養站

❶ 山藥富含蛋白質、維生素 C、膳食纖維、鐵、鈣
等礦物質，以及黏液質，有助於腸胃消化吸收，
還能讓更年期減重女性的賀爾蒙維持平衡。

❷ 紅棗含蛋白質、維生素 A、維生素 C、有機酸和
多種胺基酸，可促進血液循環。女性減重期間如
果碰上工作忙碌加班，不妨食用些紅棗，更能擁
有好氣色。

111

南瓜蝦仁蛋花湯

一般食用 / 高纖&飽足 / 營養寶庫

1 人份熱量
263 大卡

1 人份蔬菜量
165 克

4 色食材

材料　2 人份

· 栗子南瓜 200 克／甜玉米粒 100 克／高麗菜 200 克／洋蔥 100 克／蝦仁 100 克／雞蛋 2 顆／青蔥 15 克／水或高湯 500 克

· **調味料**
鹽少許／柴魚粉少許／黑胡椒少許

做法

1 南瓜刷洗外皮後對切，挖掉籽和囊絮，切成 1.5 公分正方小丁；玉米粒洗淨，瀝乾；高麗菜切片，洗淨；黃洋蔥剝除外皮，切小片後洗淨。

2 蝦仁挑除腸泥後洗淨，切小丁；雞蛋打入碗中，拌勻成蛋液。

3 青蔥切掉頭，洗淨後切蔥花；高湯做法見 p.3。

4 將水或高湯倒入鍋中煮滾，先放入南瓜煮約 10 分鐘，續入玉米粒、高麗菜、黃洋蔥和蝦仁煮滾。

5 加入鹽、柴魚粉和黑胡椒調味，最後打入蛋液煮熟，撒點蔥花即成。

減重營養站

帶有獨特辛甜味的洋蔥屬於低熱量、高膳食纖維和高水分的食物，同時含有豐富的營養素。當中的類黃酮，可以促進血液循環、有效降體脂；寡糖則可抑制血糖上升，糖尿病減重者可以食用，但注意不要吃太多，以免脹氣不舒服。

娃娃菜香菇干貝湯

一般食用 / 懶人可做 / 高纖&飽足

材料　2 人份

· 娃娃菜 200 克（約 4 棵）／新鮮香菇 4 朵／干
貝 4 顆／雞胸肉 100 克／枸杞 10 克／水或高
湯 400～500 克／米酒適量

· **調味料**
鹽少許／柴魚粉少許

做法

1 娃娃菜剝成一片一片，洗淨；香菇洗淨，切
片；干貝先用米酒泡軟，用手撕成粗條。

2 雞胸肉洗淨，切片狀；枸杞用熱水泡軟，瀝
乾；高湯做法見 p.3。

3 將水或高湯倒入鍋中煮滾，先放入雞胸肉、
香菇煮約 10 分鐘，續入娃娃菜、干貝煮滾。

4 最後放入枸杞，加入鹽、柴魚粉調味即成。

1 人份熱量
122 大卡

1 人份蔬菜量
125 克

4 色食材

減重營養站

❶ 娃娃菜（人蔘菜）熱量低，含有維生素 A、維
生素 B1 和 B6，以及磷、鈣等礦物質、蛋白質，
膳食纖維更優於小白菜、大白菜，是營養多元的
蔬菜。

❷ 枸杞除了含有維生素 B 群、維生素 C、磷、鐵、
鈣等礦物質之外，更含有 18 種胺基酸（當中有
8 種必需胺基酸），有利於身體製造蛋白質。

鮭魚青江菜豆腐湯

一般食用 ╱ 懶人可做 ╱ 低熱量&低 GI

1 人份熱量
142 大卡

1 人份蔬菜量
100 克

4 色食材

材料　2 人份

· 鮭魚肉 100 克／嫩豆腐 200 克／青江菜 200
克／生薑 20 克／辣椒 1 根／水或高湯 500 克

· **調味料**
鹽少許／柴魚粉少許

做法

1 鮭魚肉洗淨，切小塊；嫩豆腐切一口塊狀。

2 青江菜洗淨，將葉片一片片剝開；生薑切
末；辣椒切掉蒂頭，洗淨後切末；高湯做法
見 p.3。

3 將水或高湯倒入鍋中煮滾，先放入生薑煮約
3 分鐘，續入嫩豆腐、鮭魚肉煮滾，加入鹽
與柴魚粉調味。

4 加入青江菜，菜一熟軟就關火，加入辣椒末
即可。

 **減重營養站**

鮭魚肉屬於低 GI 值食物，富含 omega-3 不飽和脂
肪酸，是蛋白質的來源；維生素 B 群可以緩解疲憊；
維生素 D 有助於吸收鈣質。對中年減重者來說，
omega-3 不飽和脂肪酸能協助將壞脂肪變成好脂
肪，幫助燃燒熱量，減緩中年發胖的機率。

蘆筍菇菇鮭魚湯

一般食用　／　高纖&飽足　／　低熱量&低 GI

材料　2 人份

· 綠蘆筍 100 克／黃洋蔥 60 克／雪白菇 80 克／白腰豆罐頭 60 克／鮭魚肉 100 克／生薑 10 克／水或高湯 500 克

· **調味料**
鹽少許／柴魚粉少許

做法

1 綠蘆筍切掉根部較老的地方或削掉粗皮，料切約 3～4 公分的長段；黃洋蔥剝除外皮，切小片後洗淨；雪白菇切掉底部，剝散成一小撮一小撮，洗淨。

2 豆子瀝乾；鮭魚肉洗淨，切小塊，生薑切片；高湯做法見 p.3。

3 將水或高湯倒入鍋中煮滾，先放入綠蘆筍、生薑、黃洋蔥煮約 10 分鐘，續入雪白菇、鮭魚肉和豆子煮滾。

4 加入鹽、柴魚粉調味即成。

1 人份熱量
125 大卡

1 人份蔬菜量
120 克

3 色食材

減重營養站

白腰豆屬於蛋白質豆，富含蛋白質、維生素，以及膳食纖維、鎂、鐵和鉀等礦物質，是攝取植物性蛋白質的好食物。白腰豆風味不重，有淡淡的奶油香，可與其他食材燉煮。

秋葵雞胸肉蕃茄蛋花湯

一般食用 ／ 懶人可做 ／ 高纖&飽足

1 人份熱量
196 大卡

1 人份蔬菜量
200 克

4 色食材

材料　2 人份

· 秋葵 40 克／蘑菇 100 克／黃洋蔥 60 克／蕃茄罐頭 200 克／去皮雞胸肉 100 克／雞蛋 2 顆／植物油少許／水 400 克

· **調味料**
鹽少許／柴魚粉或蔬菜高湯粉少許／黑胡椒少許

做法

1 秋葵洗淨，橫切成星星片；蘑菇洗淨，切片狀；黃洋蔥剝除外皮洗淨，切片狀。

2 雞胸肉洗淨，切片；雞蛋打入碗中，拌勻成蛋液。

3 取一湯鍋，倒入些許油，待油稍微熱後放入雞胸肉，煎至兩面都呈金黃，取出。

4 原鍋倒入水煮滾，加入秋葵、洋蔥和蘑菇煮約 10 分鐘，續入蕃茄、雞胸肉煮滾，慢慢倒入蛋液攪散，煮滾，最後加入鹽、柴魚粉和黑胡椒調味即成。

減重營養站

雞肉依部位而熱量有異，雞胸肉是一般最受減重、健身族群喜愛，藉以攝取蛋白質的最佳選擇之一。它富含蛋白質、單元不飽合脂肪酸、維生素 B 群等，加上低脂肪、少熱量，是減重料理的蛋白質食物 NO1。

綠花椰甜椒雞胸肉湯

`一般食用` / `高纖＆飽足` / `脂肪 Bye Bye`

材料　2 人份

· 綠花椰菜 100 克／毛豆仁 100 克／紅黃甜
椒 120 克／去皮雞胸肉 100 克／水或高湯
500 克

· **調味料**
鹽少許／柴魚粉少許

做法

1 綠花椰菜洗淨，切掉根部較硬的地方，分
成一小朵一小朵。

2 毛豆仁洗淨，瀝乾；甜椒去掉蒂頭，切 1.5
公分正方小片。

3 雞胸肉洗淨，切成 1.5 公分正方小丁；高
湯做法見 p.3。

4 將水或高湯倒入鍋中煮滾，先放入綠花椰
菜煮約 10 分鐘，續入毛豆仁、甜椒和雞胸
肉煮滾。

5 最後加入鹽、柴魚粉調味即成。

1 人份熱量
143 大卡

1 人份蔬菜量
110 克

4 色食材

減重營養站

❶ 顏色明亮的甜椒含有大量的維生素 A、膳食纖
維，其所含的維生素 C 更居所有蔬菜之冠。高
纖低熱量，能減少脂肪囤積，推薦用在減重料
理。

❷ 雞皮雖然含有豐富的膠原蛋白，但在減重時
期，會攝取多餘的熱量與脂肪，所以建議選用
去皮雞胸肉烹調。

玉米木耳雞胸肉湯

一般食用 / 懶人可做 / 高纖&飽足

材料　2人份

- 甜玉米 200 克／黃洋蔥 120 克／黑木耳 100 克／去皮雞胸肉 100 克／青蔥 15 克／枸杞 10 克／水或高湯 500 ～ 600 克

- **調味料**
  鹽少許／柴魚粉少許

做法

1 甜玉米剝掉外層葉子，切成一截一截，洗淨；黃洋蔥剝除外皮，切片後洗淨。

2 黑木耳去蒂頭後洗淨，切片；雞胸肉切塊。

3 枸杞用熱水泡軟，瀝乾；青蔥切掉頭，洗淨後切蔥花；高湯做法見 p.3。

4 將水或高湯倒入鍋中煮滾，先放入甜玉米、洋蔥煮約 10 分鐘，續入黑木耳、雞胸肉煮滾。

5 最後放入枸杞，加入柴魚粉、鹽調味，撒上蔥花即成。

1 人份熱量
173 大卡

1 人份蔬菜量
123 克

5 色食材

減重營養站

❶ 高蛋白、低脂肪的雞胸肉雖然很適合減重、健身時期食用，但仍需注意不可過量食用，以免因吃下過多蛋白質導致便祕，建議要搭配豐富的蔬菜、水分食用。

❷ 青蔥不只可以用來增添料理的辛香，它還富含黃酮類，可有效降低膽固醇；含膳食纖維，有助於排便。此外，將適量青蔥加入料理，可增加蛋白質的吸收量。

鷹嘴豆綠花椰雞肉湯

一般食用 ／ 懶人可做 ／ 高纖&飽足

1 人份熱量
122 大卡

1 人份蔬菜量
110 克

4 色食材

材料　2 人份

・綠花椰菜 100 克／黃洋蔥 120 克／水煮鷹
嘴豆＋綜合豆罐頭 80 克／去皮雞胸肉 100
克／水或高湯 500 ～ 600 克

・**調味料**
鹽少許／柴魚粉少許

做法

1 綠花椰菜洗淨，切掉根部較硬的地方，分成
一小朵一小朵；黃洋蔥剝除外皮，切 1.5 公
分正方片後洗淨。

2 鷹嘴豆、豆子瀝乾；雞胸肉切 1.5 公分小丁；
高湯做法見 p.3。

3 將水或高湯倒入鍋中煮滾，先放入綠花椰
菜、黃洋蔥煮約 5 分鐘，續入鷹嘴豆、豆子
和雞胸肉煮滾。

4 最後加入鹽、柴魚粉調味即成。

減重營養站

❶ 鷹嘴豆又叫埃及豆或天山雪蓮子，是含有大量
蛋白質、膳食纖維、鈣、鐵等礦物質的超級食
物。市售水煮鷹嘴豆罐頭方便使用，但如果購買
的是還沒煮的，烹調前可以先泡水 30 分鐘再煮。

❷ 也可以換成黑眼豆（米豆）、腰豆和青豆仁等
烹調。

高麗菜雞胸肉湯

一般食用 / 高纖＆飽足 / 超低熱量

材料　2 人份

· 高麗菜 200 克／胡蘿蔔 60 克／黃洋蔥 120
克／新鮮香菇 3 朵／去皮雞胸肉 100 克／
水或高湯 500 克

· **調味料**
鹽少許／柴魚粉少許

做法

1 高麗菜洗淨，切片；胡蘿蔔削除外皮後洗
淨，切 4～5 公分粗條。黃洋蔥剝除外皮
洗淨，切 4～5 公分長條片。

2 香菇切片；雞胸肉洗淨後切片；高湯做法
見 p.3。

3 將水或高湯倒入鍋中煮滾，先放入胡蘿
蔔、洋蔥和雞胸肉煮滾，續入高麗菜、香
菇煮滾。

4 最後加入鹽、柴魚粉調味即成。

減重營養站

胡蘿蔔中所含的胡蘿蔔素是蔬菜中的第 1 名，對
保護腸胃、防止罹患癌症、預防衰老有助益。但
胡蘿蔔因 GI 值（升醣指數）略高，所以不可過
量食用。

1 人份熱量
116 大卡

1 人份蔬菜量
205 克

2 色食材

雙色櫛瓜玉米雞胸肉湯

一般食用 / 懶人可做 / 高纖&飽足

**1 人份熱量
91 大卡**

**1 人份蔬菜量
160 克**

4 色食材

材料　2 人份

- 黃櫛瓜 1/2 根／綠櫛瓜 1/2 根／牛蕃茄 120 克／去皮雞胸肉 100 克／黃洋蔥 80 克／水或高湯 450 克

- **調味料**
  鹽少許／義式綜合香料少許

做法

1 黃櫛瓜、綠櫛瓜去蒂頭，洗淨，切圓片；牛蕃茄去蒂頭，洗淨，切塊；雞胸肉切片；黃洋蔥去皮後切片，洗淨。

2 高湯做法見 p.3。

3 將水或高湯倒入鍋中煮滾，放入黃櫛瓜、綠櫛瓜、牛蕃茄、雞胸肉和洋蔥煮滾，加點鹽調味，最後撒上義式綜合香料即可。

 **減重營養站**

櫛瓜屬於低 GI 值、高膳食纖維且含豐富維生素的食物，熱量也較低。黃櫛瓜熱量略高於綠櫛瓜，但所含的鈣、葉酸較多，很適合懷孕中的女性食用；綠櫛瓜中的維生素 C 豐富，可幫助脂肪酸分解，不易囤積脂肪。

法式蔬菜雞胸肉湯

一般食用 / 高纖&飽足 / 營養寶庫

材料　2 人份

- 馬鈴薯 80 克／胡蘿蔔 80 克／黃洋蔥 80 克／
  紅黃甜椒 50 克／高麗菜 80 克／去皮雞胸肉
  100 克／生薑泥 1 小匙／水或高湯 500 ～ 600
  克／月桂葉 1 片／白酒 2 大匙／植物油 1 大匙

- **調味料**
  鹽少許／黑胡椒少許

1 人份熱量
300 大卡

做法

1 馬鈴薯、胡蘿蔔削除外皮後洗淨，切滾刀塊；
  黃洋蔥剝除外皮，切片後洗淨；甜椒去掉蒂
  頭，切片狀，高麗菜切片狀，洗淨。

2 雞胸肉洗淨後切片；高湯做法見 p.3。

3 取一湯鍋，倒入些許油，待油稍微熱後放入
  雞胸肉，等兩面煎香後先取出。

4 不用洗鍋，直接放入馬鈴薯、胡蘿蔔、高麗
  菜、甜椒和黃洋蔥炒至變色，加入雞胸肉。

5 倒入白酒、生薑泥和水或高湯、月桂葉先煮
  滾，讓酒精蒸發，再轉小火，加入鹽、黑胡
  椒調味，繼續煮至食材都熟軟即成。

1 人份蔬菜量
185 克

4 色食材

減重營養站

馬鈴薯屬於鹼性食物，煮熟後冷卻含有豐富的抗性澱
粉，吃了不易被人體吸收，能防止脂肪囤積。食用後
還有飽足感。只要適量食用，加上適當的烹調方式，
可以當作主食代餐。而這道熱食的湯料理中加入的馬
鈴薯量不多，除了吸收營養，還可以增加膳食纖維的
攝取。

豆子蔬菜牛肉湯

一般食用 / 高纖&飽足 / 超低熱量

1 人份熱量
113 大卡

1 人份蔬菜量
115 克

4 色食材

材料　2 人份

· 水煮豆子罐頭 50 克／蕃茄罐頭 80 克／黃洋
蔥 100 克／胡蘿蔔 50 克／牛肉片 80 克／
大蒜泥少許／生薑泥少許／植物油少許／水
或高湯 400 克

· **調味料**
鹽少許／黑胡椒少許

做法

1 胡蘿蔔削除外皮後洗淨，切四分之一的片
狀；黃洋蔥剝除外皮，切 1.5 公分正方片後
洗淨。

2 蕃茄切小塊；豆子瀝乾；牛肉片切成一口大
小；高湯做法見 p.3。

3 取一湯鍋，倒入些許油，待油稍微熱後放入
生薑泥、大蒜泥，以中小火炒出香氣，續入
牛肉片、胡蘿蔔、蕃茄和黃洋蔥，炒至牛肉
變白。

4 倒入水或高湯、豆子煮滾，最後加入鹽、黑
胡椒調味即成。

減重營養站

為了方便烹調料理，市面上販售許多豆子罐頭。減
重時期，可以選擇蛋白質豆的罐頭製作，多屬於高
蛋白質、低熱量、高膳食纖維的營養豆，例如：紅
腰豆、白腰豆、毛豆、黑豆、黃豆等罐頭。

高麗菜小蕃茄雞胸肉湯

一般食用　高纖&飽足　超低熱量

材料　2 人份

- 高麗菜 300 克／胡蘿蔔 120 克／小蕃茄 8 顆／去皮雞胸肉 100 克／水或高湯 500～600 克

- **調味料**
  鹽少許／柴魚粉或蔬菜高湯少許／蕃茄醬 1 大匙

1 人份熱量
118 大卡

1 人份蔬菜量
210 克

4 色食材

做法

1 高麗菜切片狀，洗淨；胡蘿蔔削除外皮後洗淨，切四分之一的圓片；小蕃茄切對半。

2 雞胸肉洗淨，切片；高湯做法見 p.3。

3 將水或高湯倒入鍋中，以中大火煮滾，先放入高麗菜、胡蘿蔔煮約 10 分鐘，加入鹽、柴魚粉和蕃茄醬調味。

4 加入雞胸肉，以大火煮滾，盛入容器中放入小蕃茄即成。

減重營養站

小蕃茄的熱量略高於大蕃茄，但每 100 克小蕃茄所含的維生素 C，是大蕃茄的 3 倍。為了防止小蕃茄的維生素 C 因加熱太久而被破壞，所以這裡是等湯料都煮好，最後才放入。但如果想在湯汁中品嘗到小蕃茄的酸味，可以在最後與雞胸肉一起加入烹煮。

地瓜胡蘿蔔雞胸肉湯

一般食用 ／ 懶人可做 ／ 高纖 & 飽足

**1 人份熱量
175 大卡**

**1 人份蔬菜量
110 克**

3 色食材

材料　2 人份

- 黃肉地瓜 160 克／胡蘿蔔 100 克／黃洋蔥 120 克／雞胸肉 100 克／水或高湯 500 克

- **調味料**
  鹽少許／柴魚粉少許

做法

1 地瓜、胡蘿蔔都削除外皮後洗淨，切成厚圓片狀。

2 黃洋蔥剝除外皮，切片後洗淨。

3 雞胸肉洗淨後切片；高湯做法見 p.3。

4 將水或高湯倒入鍋中，加入地瓜、胡蘿蔔煮滾，再加入洋蔥、雞胸肉煮滾。

5 加入鹽、柴魚粉調味即成。

 減重營養站

地瓜富含維生素 B 群、維生素 C 和膳食纖維。將等重的地瓜和白飯比較，地瓜的熱量和營養素優於白飯，所以適量食用，可以代替白飯。若以地瓜當作主食，建議連皮一起刷洗乾淨後蒸熟，冰過之後再吃。熟地瓜冰冰地吃，可增加抗性澱粉，能延緩當餐血糖上升的速度，並降低熱量的攝取。

綜合根莖蔬菜培根湯

一般食用 / 高纖&飽足 / 營養寶庫

材料　2 人份

· 白蘿蔔 100 克／胡蘿蔔 100 克／馬鈴薯 100
克／黃洋蔥 120 克／山藥 100 克／培根 2
片／橄欖油適量／水或高湯 500 克

· **調味料**
蔬菜高湯粉／起司粉適量／巴西里少許／
黑胡椒適量

做法

1 白蘿蔔、胡蘿蔔、馬鈴薯削除外皮後洗
淨，橫切 0.5 公分厚的圓片；黃洋蔥剝除
外皮洗淨，切大片；山藥削除外皮，稍微
沖洗過，切滾刀塊。

2 培根切粗長條；高湯做法見 p.3。

3 取一湯鍋，倒入些許橄欖油，待油稍微熱
後放入培根，以小火炒出香氣，先取出。

4 原鍋加入做法 **1** 翻炒。

5 接著加入培根、水或高湯煮滾，蓋上鍋
蓋，加入高湯粉，以中小火煮至蔬菜食材
都熟軟。

6 欲食用時，撒上起司粉、巴西里和黑胡椒
即成。

1 人份熱量
186 大卡

1 人份蔬菜量
160 克

3 色食材

減重營養站

山藥富含蛋白質、膳食纖維、維生素 C、鐵等，
食用後有飽足感且有利於排便順暢。

金針菇豆腐培根湯

一般食用 / 懶人可做 / 高纖＆飽足

1 人份熱量
170 大卡

1 人份蔬菜量
192 克

3 色食材

材料　2 人份

· 黃櫛瓜 1 根／高麗菜 100 克／黃洋蔥 60 克／
金針菇 80 克／板豆腐 200 克／培根 1 片／水
或高湯 500～600 克

· **調味料**
鹽少許／胡椒粉少許

做法

1 黃櫛瓜切去蒂頭，洗淨，切成厚圓片狀；高
麗菜切片狀，洗淨；黃洋蔥剝除外皮，切片
後洗淨。

2 金針菇切掉底部，剝散成一小撮一小撮，洗
淨；板豆腐切片狀；培根切成小丁狀；高湯
做法見 p.3。

3 將水或高湯倒入鍋中，先放入黃櫛瓜、高麗
菜和洋蔥煮滾，續入金針菇、板豆腐和培根
再次煮滾。

4 最後加入鹽、胡椒粉調味即成。

 **減重營養站**

培根富含鉀、鈉和磷，以及膽固醇、脂肪和碳水化
合物等。如果早餐以適量培根搭配蔬菜烹調，相信
能帶給大家精神與體力。

經典義式蔬菜湯

一般食用 / 高纖＆飽足 / 營養寶庫

材料　2 人份

· 高麗菜 80 克／培根 1 片／胡蘿蔔 80 克／黃洋蔥 80 克／馬鈴薯 120 克／牛蕃茄 120 克／通心粉或捲捲麵 20 克／大蒜 1 瓣／蕃茄糊 30 克／水或高湯 450 克／橄欖油 14 克（約 1 大匙）

· **調味料**
鹽少許／黑胡椒少許

做法

1 高麗菜洗淨，切 1 公分方片；培根切 1 公分寬。

2 胡蘿蔔、黃洋蔥和馬鈴薯去除外皮，切 1 公分小丁；牛蕃茄去掉蒂頭後洗淨，切小塊；大蒜切碎；高湯做法見 p.3。

3 取一湯鍋，倒入橄欖油，待油稍微熱後放入大蒜、培根，以小火炒出香氣，續入高麗菜、胡蘿蔔、黃洋蔥和馬鈴薯快炒，全部食材炒上油後，蓋上鍋蓋煮約 2 分鐘。

4 加入牛蕃茄、水或高湯、蕃茄糊、鹽和黑胡椒，以中火煮滾，撈除浮沫。

5 加入通心粉或捲捲麵，以小火煮約 10 分鐘，最後再加些黑胡椒即成。

1 人份熱量
226 大卡

1 人份蔬菜量
180 克

4 色食材

減重營養站

即使在減重期間，食用適量的碳水化合物也很重要，因此在這道湯品中加入了少量的通心粉或捲捲麵，同時還能增加口感。

高麗菜玉米小熱狗湯

一般食用 / 懶人可做 / 高纖&飽足

1 人份熱量
230 大卡

1 人份蔬菜量
220 克

4 色食材

材料　2 人份

· 高麗菜 200 克／黃洋蔥 120 克／牛蕃茄 120 克／甜玉米 120 克／小熱狗 4 條／水或高湯 500 ～ 600 克

· **調味料**
鹽少許／柴魚粉少許／黑胡椒少許

做法

1 高麗菜洗淨後切片狀；黃洋蔥剝除外皮，切片後洗淨；牛蕃茄去掉蒂頭後洗淨，切成月牙片。

2 甜玉米剝掉外層葉子，切成一截一截，洗淨；小熱狗切斜段；高湯做法見 p.3。

3 將水或高湯倒入鍋中煮滾，先放入高麗菜、黃洋蔥和牛蕃茄煮約 10 分鐘，續入玉米、小熱狗煮滾。

4 最後加入鹽、柴魚粉和黑胡椒調味即成。

減重營養站

吃膩了雞胸肉、魚肉，偶爾加入些許小熱狗，但別忘了要搭配大量蔬菜一起食用。

南瓜櫛瓜培根湯

一般食用　　高纖＆飽足　　營養寶庫

材料　2 人份

・栗子南瓜 200 克／綠櫛瓜 100 克／紅黃甜
椒 120 克／培根 2 片／植物油少許／水或
高湯 500 克

・**調味料**
鹽少許／柴魚粉或蔬菜高湯粉少許／黑胡
椒少許

**1 人份熱量
174 大卡**

做法

1 南瓜刷洗外皮後對切，挖掉籽和囊絮，切
1.5 公分正方的小丁；綠櫛瓜洗淨，切 1.5
公分正方的小丁。

2 甜椒去掉蒂頭，切 1.5 公分正方片後洗淨；
培根切 1 公分寬；高湯做法見 p.3。

3 取一湯鍋，倒入油，待油稍微熱後放入培
根，以小火炒出香氣，續入南瓜、綠櫛瓜
和甜椒快炒，全部食材炒上油。

4 加入水或高湯、鹽、柴魚粉和黑胡椒，蓋
上鍋蓋，以中火煮至食材全都熟軟即成。

**1 人份蔬菜量
110 克**

4 色食材

🍲 減重營養站

栗子南瓜（板栗瓜）的肉質鬆軟，皮也較薄，建
議將皮清洗乾淨後連皮食用，攝取的營養更全面。
南瓜屬於澱粉類，雖然熱量低於白飯、地瓜等，
但減重期間仍不可食用過量。

蕃茄牛肉羅宋湯

一般食用 ╱ 高纖＆飽足 ╱ 超低熱量

**1 人份熱量
120 大卡**

**1 人份蔬菜量
140 克**

4 色食材

材料　2 人份

· 牛蕃茄 120 克／胡蘿蔔 100 克／馬鈴薯 100 克／西洋芹 60 克／牛肉片 100 克／水或高湯 500 ～ 600 克

· **調味料**
鹽少許／黑胡椒少許／蕃茄糊或蕃茄醬 2 大匙

做法

1 牛肉片洗淨，切成一口大小；高湯做法見 p.3。

2 牛蕃茄去掉蒂頭後洗淨，切成塊狀；胡蘿蔔、馬鈴薯削除外皮後洗淨，切成塊狀；西洋芹洗淨，摘掉葉子，梗切小段。

3 將水或高湯倒入鍋中，加入牛蕃茄、胡蘿蔔、馬鈴薯和西洋芹，蓋上鍋蓋燜煮約 20 分鐘，再加入牛肉片煮到變色。

4 加入鹽、黑胡椒、蕃茄糊或蕃茄醬調味即成。

🍲 減重營養站

❶ 牛肉除了蛋白質，還含有維生素 A、E、B6、B12、鐵、鉀、鎂、鋅等，熱量則依部位不同，依熱量低到高是牛肚＜牛腿肉＜牛腱＜牛後腿股肉＜牛肋條＜牛腩肉＜牛小排，脂肪量則以牛腩肉最高。減重期間建議食用熱量與脂肪都低的牛肚、牛腿和牛腱肉。

❷ 西洋芹的熱量和 GI 質（升醣指數）都很低、含粗膳食纖維，食用後容易感到飽足，不管生食或熟食，都是明星減重食材。另富含鉀、鈣，有助於降低血壓、改善貧血症狀。

咖哩蔬菜牛肉湯

一般食用 / 高纖＆飽足 / 超低熱量

材料　2 人份

· 馬鈴薯 100 克／胡蘿蔔 150 克／紫地瓜 100 克／牛肉片 80 克／生薑泥少許／大蒜泥少許／植物油少許／水 500 克

· **調味料**
鹽少許／咖哩粉 10 克

做法

1 馬鈴薯、胡蘿蔔和紫地瓜削除外皮後洗淨，切滾刀塊；牛肉片切一口大小。

2 取一湯鍋，倒入些許油，待油稍微熱後，放入生薑泥和大蒜泥炒出香氣，再加入牛肉片炒至顏色變白，取出牛肉片。

3 接著加進馬鈴薯、胡蘿蔔和紫地瓜翻炒幾分鐘。

4 倒入水，煮至食材全都熟軟。

5 另取一碗，將咖哩粉倒入，並舀入一點做法 4 的湯汁，攪拌均勻後倒回做法 4。

6 加入牛肉片即可。

1 人份熱量
153 大卡

1 人份蔬菜量
75 克

4 色食材

減重營養站

零膽固醇、高膳食纖維、低熱量的紫地瓜，含有豐富的紫色花青素，能減少吸收澱粉質。其他諸如維生素 C 可幫助降低升醣指數；鈣質有利於抑制脂肪合成，並刺激脂肪分解；鐵則預防貧血。

INDEX
附錄

這裡選了對減脂瘦身新手有幫助的實用資訊，例如：常見瘦身食材營養成分表、常見食物酸鹼度表、常見食物的 GI 值表，讓讀者能了解各種食材的特性、選擇優質食材食用。此外，附上本書蔬菜湯的索引，更能方便查找，快速找到想吃的湯料理。

附錄1 常見瘦身食材營養成分表

蔬菜&藻&菇&豆類

名稱	熱量（大卡）	膳食纖維（克）	鈉（mg）	鉀（mg）	鈣（mg）
牛蒡	84	5.1	15	358	46
胡蘿蔔	38	2.6	79	290	30
白蘿蔔	16	1.1	27	151	23
櫻桃蘿蔔	11	1.0	43	237	22
熟桂竹筍	21	1.7	68	93	22
茭白筍	20	2.1	5	219	3
麻竹筍	21	2.0	5	309	9
綠竹筍	25	1.7	0	303	10
沙拉筍	24	1.7	8	162	9
白蘆筍	25	1.8	4	204	10
綠蘆筍	22	1.4	6	220	15
白洋蔥	42	1.3	3	145	25
紫洋蔥	32	1.5	4	122	21
黃洋蔥	42	1.4	2	157	20
韭菜	23	2.4	2	312	56
扁圓甘藍	21	0.9	12	173	58
球形甘藍	24	1.3	11	183	49
高麗菜	23	1.3	17	150	52
地瓜葉	30	3.1	21	310	85
蚵仔白菜	13	1.4	25	340	28
包心白菜	14	1.0	14	171	51
紅鳳菜	22	2.6	13	312	122
山芹菜	27	1.7	26	400	222
芹菜	15	1.4	65	314	83
西洋芹菜	11	1.6	87	240	52
大芥菜	19	1.6	35	180	98
芥菜	18	1.5	3	338	72
芥藍菜	20	1.9	27	292	181
茼蒿	16	1.6	69	362	46

鐵（mg）	鋅（mg）	維生素 A（RE）	維生素 B1（mg）	維生素 B2（mg）	維生素 C（mg）
0.8	0.8	3	0.05	0.04	3.3
0.4	0.3	9980	0.05	0.04	4.0
0.3	0.2	0	0.02	0.02	15.3
0.3	0.2	0	0.01	0.02	8.3
0.2	0.3	9	0.01	0.04	2.2
0.4	0.2	5	0.05	0.05	5.2
0.4	0.4	2	0.04	0.07	3.0
0.8	0.9	0	0.07	0.06	5.0
0.6	0.5	0	0.01	0.03	0.5
0.7	0.5	82	0.09	0.06	16.7
1.0	0.3	402	0.07	0.13	9.7
0.4	0.3	0	0.03	0.01	5.8
0.2	0.2	0	0.04	0.02	4.5
0.4	0.3	1	0.03	0.01	4.7
1.4	0.4	1429	0.05	0.10	18.7
0.3	0.2	11	0.03	0.02	29.9
0.4	0.3	36	0.03	0.03	40.4
0.3	0.2	5.7	0.02	0.02	33.0
1.5	0.6	1269	0.03	0.00	19.0
1.5	0.2	8888	0.02	0.03	6.0
0.5	0.3	5	0.03	0.03	17.3
6.0	0.5	3042	0.03	0.12	9.5
7.8	1.0	2182	0.01	0.02	17.6
0.6	0.3	199	0.02	0.04	6.6
0.7	0.2	39	0.02	0.02	4.9
1.4	0.3	200	0.01	0.05	34.0
1.2	0.4	137	0.05	0.08	41.2
1.4	0.4	2216	0.03	0.08	51.9
1.5	0.4	1318	0.05	0.08	10.5

蔬菜&藻&菇&豆類

名稱	熱量（大卡）	膳食纖維（克）	鈉（mg）	鉀（mg）	鈣（mg）
菠菜	18	1.9	43	510	81
萵苣	11	0.8	12	130	24
白花椰菜	23	2	14	266	21
綠花椰菜	28	3.1	15	339	44
韭菜花	28	2.3	7	200	21
金針菜	40	2.9	2	269	23
冬瓜	13	1.1	3	122	7
台灣南瓜	49	1.4	1	347	8
栗子南瓜	86	3.3	1	400	12
白皮苦瓜	19	2.8	3	207	20
青皮苦瓜	20	3.6	1	198	19
絲瓜	19	1	0	117	10
玉米筍	27	2.4	2	190	14
茄子	25	2.3	4	200	18
綠櫛瓜	13	0.9	0	417	19
枸杞子	347	11.2	521	1363	50
大蕃茄	19	1	2	217	10
牛蕃茄	19	1	2	227	7
黃金聖女小蕃茄	31	1.6	3	252	11
紅甜椒	33	1.6	1	189	6
黃甜椒	28	1.9	1	192	7
橘甜椒	35	1.3	2	215	6
黃秋葵	36	3.7	9	203	94
苜蓿芽	20	1.8	65	249	41
紫高麗芽	32	2.9	2	64	52
黃豆芽	34	2.7	7	296	52
空心菜	24	2.1	52	440	78
紫菜	268	29	968	2754	342
髮菜	302	14.6	107	89	1187
海帶結	17	2.4	230	7	78
海帶絲	22	2.8	151	4	53
木耳	38	7.4	12	56	27
柳松菇	36	1.5	0	334	1

鐵（mg）	鋅（mg）	維生素 A （RE）	維生素 B₁ （mg）	維生素 B₂ （mg）	維生素 C （mg）
2.9	0.7	1851	0.06	0.12	12.1
0.4	0.2	0	0.02	0.06	2
0.6	0.3	9	0.04	0.05	62.2
0.8	0.5	180	0.08	0.13	75.3
0.4	0.3	500	0.05	0.07	18
0.6	0.8	828	0.15	0.16	29.2
0.2	0.1	0	0.01	0.01	14.9
0.5	0.3	1474	0.08	0.03	3.4
0.4	0.2	549	0.04	0.07	13.7
0.3	0.1	1.8	0.04	0.02	41.5
0.2	0.2	2.4	0.05	0.03	53
0.2	0.1	1.7	0.02	0.02	6.5
3.9	0.5	8.3	0.02	0.7	12
0.4	0.2	3.3	0.07	0.03	6
0.8	0.6	240	0.06	0.06	26.3
4.5	1.2	100	0.36	0.17	1.4
0.3	0.3	500	0.04	0.02	14
0.5	0.3	393	0.04	0.01	12.3
0.4	0.9	758	0.09	0.05	37.8
0.4	0.2	536	0.05	0.08	137.7
0.2	0.3	37	0.05	0.04	127.5
0.7	0.4	877	0.06	0.04	100.8
0.7	0.7	678	0.02	0.1	11.3
0.7	0.3	32	0.07	0.1	6.6
1.3	0.6	73	0.11	0.11	27.3
0.8	0.5	279	0.06	0.07	7.3
1.5	0.7	378.3	0.01	0.1	14
56.2	3.7	295	0.32	2.17	0
40.7	1.8	0	0.1	0.61	0
1.3	0.1	0	0.01	0.01	0.11
0.8	0.1	0	0.01	0.01	0
0.8	0.3	0	0.01	0.09	0.03
0.4	0.9	0	0.23	0.58	0.05

蔬菜&藻&菇&豆類

名稱	熱量（大卡）	膳食纖維（克）	鈉（mg）	鉀（mg）	鈣（mg）
香菇	39	3.8	1	277	3
乾香菇	333	38.5	15	1843	84
秀珍菇	28	1.3	1	248	1
杏鮑菇	41	3.1	3	272	1
珊瑚菇	33	1.7	0	328	3
金針菇	37	2.3	2	385	1
鴻喜菇	30	2.2	2	339	2
雪白菇	27	1.5	2	394	3
蘑菇	25	1.3	19	262	4
冬粉	351	1.4	10	13	2
毛豆仁	129	6.4	1	654	44
帶莢毛豆	120	11	1	604	123
黃豆	389	14.5	12	1667	194
無糖豆漿	35	1.3	2	141	14
豌豆仁	123	7.5	3	372	39
青辣椒	33	3.3	2	223	13
糯米椒	28	3.2	0.8	207	13.3
紅辣椒	80	11.4	6.4	517	21.2
紅長辣椒	48	6.9	13.7	361	15.7
紅乾長辣椒	382	41.4	39.7	2017	99.6
長果朝天椒	90	13.9	3.2	564	14.5
圓果朝天椒	103	13.4	2.3	627	33.2
苜蓿芽	20	1.8	64.8	249	40.8
紫高麗芽	32	2.9	2.5	64	51.6
綠豆芽	24	1.3	16.2	128	55.6
豌豆芽	25	2.5	1.7	163	12

鐵（mg）	鋅（mg）	維生素 A（RE）	維生素 B1（mg）	維生素 B2（mg）	維生素 C（mg）
0.6	1.2	0	0.01	0.23	0.3
4.2	6.3	0	0.96	2.85	6.75
0.6	0.8	0	0.07	0.34	0.17
0.3	0.7	0.9	0.18	0.26	0.21
1.4	1.5	0	0.13	0.44	0
0.9	0.6	0	0.17	0.23	0
0.5	0.7	0	0.16	0.27	0.16
0.4	0.7	0	0.1	0.26	0.1
0.9	0.7	0	0.06	0.47	0.18
1.9	0.1	0	0	0.01	0
3.7	2.1	27.6	0.39	0.13	22.6
3.4	1.3	51.0	0.38	0.13	18.6
6.5	2.7	5.7	0.39	0.21	0
0.4	0.3	0	0.09	0.03	0
2.1	1.4	601	0.21	0.1	9.56
0.3	0.82	171	0.07	0.06	178.20
0.2	2	100	0.07	0.05	250.5
1.7	0.54	2662	0.16	0.22	153.4
3.1	0.3	1535	0.14	0.16	154.4
5.5	1.32	536	0.19	1.15	0
1	0.74	4624	0.15	0.28	171.5
1.2	0.58	1813	0.21	0.24	134.4
0.7	0.34	32	0.07	0.01	6.5
1.3	0.58	73	0.11	0.11	27.2
0.8	0.34	2	0.04	0.11	7.1
0.8	0.52	96	0.2	0.17	14.2

肉&魚貝&蛋&乳品&其他類

名稱	熱量（大卡）	膳食纖維（克）	鈉（mg）	鉀（mg）	鈣（mg）
板腱	166		70	302	5
牛後腿肉	122		58	357	7
牛後腿股肉	153		48	339	2
牛後腿腱子心	139		79	298	8
牛梅花肉火鍋片	120		57	340	7
牛肚	56		82	2	44
牛筋	157		50	352	10
滷牛筋	119		524	39	11
豬下肩瘦肉	131		53	352	4
豬後腿肉	123		49	367	4
豬後腿瘦肉	120		41	406	3
豬大里肌	212		40	340	4
豬大排	214		55	318	28
豬小排	287		74	254	33
豬小里肌	139		46	386	4
豬腳筋	72		44	0	21
土雞里肌肉	112		72	351	4
肉雞里肌肉	106		44	352	2
帶骨去皮對切胸（肉雞）	104		49	310	1
土雞骨腿	130		52	182	8
肉雞骨腿	196		84	243	12
土雞清腿	142		131	255	1
肉雞清腿	173		103	256	7
土雞棒棒腿	143		168	251	2
肉雞棒棒腿	159		109	238	8
魩仔魚	56		456	92	157
海鱸	125		55	396	3
海鱺	189		131	323	6
吳郭魚	107		37	402	7
台灣鯛魚片	110		46	341	14
鮪魚生魚片	100		27	511	4
鯖魚（生）	254		56	308	7

鐵（mg）	鋅（mg）	維生素 A（RE）	維生素 B1（mg）	維生素 B2（mg）	維生素 C（mg）
2.4	7.4	10.2	0.07	0.25	0.95
2.8	6	5.4	0.06	0.19	1.84
2.8	5.4	3.3	0.08	0.18	2.7
3	7.2	2.4	0.07	0.18	1.1
2.5	4.3	4.8	0.08	0.21	0.26
0.6	2.1	0	0	0	0.00
0.9	2.6	6	0.02	0.05	0.81
0.1	0.6	1	0.02	0.04	0
1.4	3.3	5.9	0.97	0.2	1.11
1	2.6	2.8	0.71	0.16	0.91
1.1	2.2	2.4	0.76	0.11	2.37
0.6	1.7	13.8	0.88	0.14	0.6
1.2	2.5	9	0.68	0.2	0.6
1	2.4	23.7	0.67	0.16	0.5
1.4	2.2	2.7	1.2	0.25	0.3
0.2	0.4	2	0.01	0.01	0
0.4	0.7	8.2	0.1	0.09	1.5
0.7	0.9	3.7	0.14	0.08	1.7
0.4	0.4	9	0.13	0.08	2.4
1.7	1.8	13.1	0.11	0.19	1.5
1.8	2	39.3	0.13	0.21	3
0.6	2	13	0.08	0.2	2.1
1.2	1.9	32.1	0.11	0.18	3.1
0.6	2.2	18	0.09	0.19	2.2
1.4	2.1	32.8	0.1	0.16	3
0.1	1	85.4	0	0.09	1.1
0.3	0.4	12	0.01	0.07	0
0.3	0.5	13	0.12	0.1	0.6
0.6	0.5	0.3	0.01	0.08	4.3
0.2	0.9	0.3	0.03	0.04	1.1
0.9	0.4	17	0.11	0.01	0
1.4	1	183.3	0.03	0.47	0

肉&魚貝&蛋&乳品&其他類

名稱	熱量（大卡）	膳食纖維（克）	鈉（mg）	鉀（mg）	鈣（mg）
旗魚切片	111		36	333	8
旗魚腹肉	105		131	262	8
刺鯧（去皮）	95		162	331	17
刺鯧（含皮）	155		179	234	13
圓鱈魚鰓肉	84		225	110	7
柴魚片	383		43	1022	44
明蝦仁	52		252	19	38
草蝦仁	44		431	19	20
蟹腳肉	53		591	71	319
真牡蠣	49		194	135	20
大文蛤	21		774	124	48
文蛤	37		446	104	106
烏賊（花枝）	51		66	68	13
章魚	61		230	55	14
黑烏參	29		64	1	63
海蜇皮	19		8127	153	31
雞蛋	135	0	138	135	54
土雞蛋	129		140	126	43
溫泉蛋	127		494	153	52
水煮蛋	144		124	129	53
市售茶葉蛋	138		430	112	50
市售雞滷蛋	191		583	91	61
現煮雞滷蛋	178		1278	195	54
水波蛋	147		92	109	50
荷包蛋（不加油）	162		151	139	52
荷包蛋（加油1小匙）	192		140	142	55
高脂鮮乳	73		39	140	116
全脂鮮乳	63		37	147	104
傳統豆腐	88.41	0.6	2	180	140
冷凍豆腐	130.85	2.2	8	109	240
小三角油豆腐	159.74	0.7	1	196	216
嫩豆腐	53.11	0.8	32	165	13
雞蛋豆腐	79.35	0.4	307	176	9

鐵（mg）	鋅（mg）	維生素 A（RE）	維生素 B1（mg）	維生素 B2（mg）	維生素 C（mg）
1.1	0.7	1.3	0.05	0.03	0.4
0.3	0.8	13.7	0.06	0.05	0.4
0.2	0.9	6.1	0.05	0.07	0.6
0.5	0.4	63.5	0.01	0.11	0.68
0.1	0.5	125.1	0.02	0.02	0.38
15.3	2.6	33	0.05	0.89	0
1.4	1.4	0	0.02	0.02	0
0.4	0.7	0.4	0.06	0.06	0
0.6	3.4	1.7	0.01	0.14	0
5.4	5.6	15.8	0.01	0.33	0.9
3.8	0.8	3.2	0	0.13	0.3
8.2	1.1	13.1	0.07	0.8	2.95
0.2	1.3	0.9	0.01	0.05	0.7
6.1	0.5	16	0	0.17	0.5
0.2	0	0	0.03	0	0.07
2.6	1.2	0	0	0.01	9.78
1.9	1.3	167.5	0.09	0.48	0.62
1.8	0.9	306.7	0.05	0.51	0
1.4	1.2	209.6	0.09	0.51	0
2.3	1.6	83.3	0.07	0.47	0
1.4	1.2	138.8	0.02	0.26	0
2.7	2.1	155.1	0.02	0.34	0
2.4	1.9	67.9	0.05	0.47	0
3.9	1.7	178.2	0.08	0.4	0
3.4	1.7	143.5	0.09	0.64	0
2.3	1.7	101.2	0.07	0.47	0
0.1	0.5	45.2	0.04	0.19	0.05
0.1	0.4	43	0.04	0.17	0.38
2	0.8	0	0.08	0.04	0
2.5	1.2	0	0.04	0.02	5.7
2.5	1.4	0	0.06	0.05	2.9
1.3	0.5	0	0.09	0.04	0
1	0.8	3.6	0.05	1.21	0.28

食物大致可分成「鹼性食物」、「酸性食物」和「中性食物」，其中鹼性食物又可細分成「高（強）鹼性」、「中鹼性」和「低（弱）鹼性」；酸性食物則分可細分成「高（強）酸性」、「中酸性」和「低（弱）酸性」。

簡單來說，食物的酸鹼是依照食物中所含礦物質的種類與含量多少的比例來定。如果食物中含有比較多鈉、鎂、鉀、鈣等礦物質，經人體消化後呈現鹼性反應，這就是「鹼性食物」，例如：蔬菜、牛奶、堅果、海藻、水果等。如果食物中磷、硫和氯等濃度較高，經人體消化後呈現酸性反應，這就是「酸性食物」，例如：精緻澱粉類、甜食、肉類、蛋、奶油和乳製品、飲料等。

正常健康的人體內的酸鹼值為 PH 值 7.35～7.45，若不在此範圍內都有可能產生疾病、慢性病等，因此酸鹼平衡不僅對減重有影響，對一般人更是重要。一般體重過重者的飲食內容，多以精緻澱粉類、甜食、肉類為主，因此屬於偏酸性體質。長期食用酸性食物，不僅不易吸收營養素、礦物質，更會降低產生能量。以下介紹常見的酸鹼性食物，供讀者們和減重者在日常飲食中參考。

◆ 高鹼性食物
綠花椰菜、洋蔥、九層塔、菠菜、檸檬、白蘿蔔、海帶芽等

◆ 中鹼性食物
絲瓜、地瓜、甜菜、芹菜、萵苣、草莓、蘋果、棗子、梨子、奇異果等

◆ 低鹼性食物
胡蘿蔔、甜菜根、蕃茄、高麗菜、甘藍菜、黃瓜、甜菜根、菇類、黃豆、豆腐、豆類、豆漿、白花椰菜、櫻桃、柳丁、香蕉、酪梨、柑橘等

◆ 低酸性食物
南瓜、芝麻、皇帝豆、蛋、奶油、優格、鮮奶油、黑麥麵包、糙米、章魚、糙米、茶、蜜棗、海苔等

◆ 中酸性食物
咖啡、酒、鮮奶、花豆、火雞、雞肉、火腿、羊肉、培根、白米、蕎麥、開心果、蕃茄醬、果醬、罐頭水果等

◆ 高酸性食物
花生、甜點、餅乾、乳酪、冰淇淋、披薩、巧克力、汽水、高糖果汁、啤酒、牛肉、豬肉、貝類、比目魚等

附錄3 常見食物的 GI 值表

　　GI 值（Glycemic index 升糖指數）高的食物，是指食用後會刺激大腦分泌胰島素的食物。通常血液中的胰島素高時，會加速血糖生成的速度，容易導致飢餓，也會刺激生成脂肪。此外，對於糖尿病患者，食物的 GI 值會影響餐後血糖飆升，減重期間更要特別注意。以下介紹常見食物的 GI 值，一般低 GI 值食物是指 GI 值 <56；中 GI 值食物是指 GI 值 56 ～ 69 之間；高 GI 值食物是指 GI 值 ≥70。減重期間，建議食用低 GI 值的食物，一般膳食纖維較多的食物，GI 值較低。

蔬菜類

名稱	GI 值	名稱	GI 值	名稱	GI 值
馬鈴薯	**90**	竹筍	26	青椒	26
芋頭	**64**	青椒	26	甜椒	26
胡蘿蔔	**80**	茄子	25	香菇	28
玉米	**70**	白菜	25	蘑菇	24
山藥	**75**	韭菜	38	金針菇	28
南瓜	**65**	菠菜	15	乾香菇	38
地瓜	55	萵苣	23	毛豆	30
蓮藕	52	美生菜	22	四季豆	26
白蘿蔔	26	高麗菜	26	黃豆	20
牛蒡	45	青江菜	23	白腰豆	31
苦瓜	24	芹菜	25	紅腰豆	29
木耳	26	茼蒿	25	海帶	17
蕃茄	30	豆芽菜	22	昆布	17
洋蔥	30	綠花椰菜	25	蒟蒻	24
蘆筍	25	白花椰菜	26	酪梨	27

乳類

名稱	GI 值	名稱	GI 值	名稱	GI 值
原味優格	25	脫脂牛奶	30	煉乳	**82**
全脂鮮奶	25	奶油	30	冰淇淋	**65**
低脂鮮奶	26	鮮奶油	39	布丁	52

水果類

名稱	GI 值	名稱	GI 值	名稱	GI 值
葡萄	50	柳丁	31	葡萄柚	31
蘋果	36	柚子	25	草莓	29
水梨	32	木瓜	30	火龍果	25
桃子	41	哈密瓜	**65**	奇異果	53
橘子	31	鳳梨	**65**	藍莓	34
西瓜	**80**	香蕉	**61**	荔枝	79
芒果	49	芭樂	38	釋迦	54
櫻桃	37	檸檬	34	柿子	37

蛋豆魚肉類

名稱	GI 值	名稱	GI 值	名稱	GI 值
蛋	30	竹輪	**60**	吳郭魚	17
板豆腐	32	蛤蜊	40	火腿	46
油豆腐	43	烤鰻魚	43	培根	49
百頁豆腐	42	鮪魚	40	豬肉	45
豆乾	23	干貝	42	牛肉	46
凍豆腐	22	蝦	40	羊肉	45
魚板	56	鯛魚	17	雞肉	45
花枝	40	鮭魚	17	鴨肉	45

五穀根莖類

名稱	GI 值	名稱	GI 值	名稱	GI 值
白米飯	**84**	白米加糙米	**65**	白饅頭	**88**
糙米飯	56	吐司	**91**	通心麵	45
糙米稀飯	57	法國麵包	**93**	麵線	**68**
糙米片	**65**	貝果	**75**	烏龍麵	**80**
白米稀飯	57	全麥麵包	50	義大利麵	**65**
紅豆飯	**77**	黑麥麵包	58	全麥麵	50
麥片	**64**	牛角麵包	**68**	蕎麥麵	59
燕麥	55	漢堡	**61**	中華麵	**61**

附錄4 食材索引

以下將本書出現的食材，以注音符號的順序排列，讀者們可檢查家中有什麼食材，今天就做蔬菜湯！

169

Cook50224

低 GI 減脂蔬菜湯
降體脂、低熱量、刮油消肚、高纖飽足不挨餓

食譜設計｜楊馥美
料理製作｜連玉瑩
營養資訊｜余詔儒
攝影｜林宗億
美術設計｜許維玲
編輯｜彭文怡
校對｜翔縈
企畫統籌｜李橘
總編輯｜莫少閒
出版者｜朱雀文化事業有限公司
地址｜台北市基隆路二段 13-1 號 3 樓
電話｜02-2345-3868
傳真｜02-2345-3828
劃撥帳號｜19234566　朱雀文化事業有限公司
e-mail｜redbook@hibox.biz
網址｜http://redbook.com.tw
總經銷｜大和書報圖書股份有限公司　02-8990-2588
ISBN｜978-626-7064-27-6
CIP｜427.1
初版一刷｜2022.09
定價｜360 元

About 買書

●實體書店：北中南各書店及誠品、金石堂、何嘉仁等連鎖書店均有販售。建議直接以書名或作者名，請書店店員幫忙尋找書籍及訂購。
●●網路購書：至朱雀文化蝦皮賣場購書可享優惠，博客來、讀冊、PCHOME、MOMO、誠品、金石堂等網路平台亦均有販售。
●●●郵局劃撥：請至郵局窗口辦理（戶名：朱雀文化事業有限公司，帳號：19234566），掛號寄書不加郵資，4 本以下無折扣，5 ～ 9 本 95 折，10 本以上 9 折優惠。